PROTOPLASMATOLOGIA

HANDBUCH DER PROTOPLASMAFORSCHUNG

BEGRÜNDET VON
L. V. HEILBRUNN · F. WEBER
PHILADELPHIA   GRAZ

HERAUSGEGEBEN VON
M. ALFERT · H. BAUER · C. V. HARDING · P. SITTE
BERKELEY   TÜBINGEN   ROCHESTER   HEIDELBERG

MITHERAUSGEBER

W. H. ARISZ-GRONINGEN · J. BRACHET-BRUXELLES · H. G. CALLAN-ST. ANDREWS
R. COLLANDER-HELSINKI · K. DAN-TOKYO · E. FAURÉ-FREMIET-PARIS
A. FREY-WYSSLING-ZÜRICH · L. GEITLER-WIEN · K. HÖFLER-WIEN
M. H. JACOBS-PHILADELPHIA · N. KAMIYA-OSAKA · D. MAZIA-BERKELEY
W. MENKE-KÖLN · A. MONROY-PALERMO · A. PISCHINGER-WIEN
J. RUNNSTRÖM-STOCKHOLM · W. J. SCHMIDT-GIESSEN

BAND III

E

STRUCTURE AND FUNCTION IN CILIA AND FLAGELLA

F

TRICHOCYSTES, CORPS TRICHOCYSTOÏDES, CNIDOCYSTES ET COLLOBLASTES

1965

SPRINGER-VERLAG
WIEN · NEW YORK

STRUCTURE AND FUNCTION IN CILIA AND FLAGELLA

BY

PETER SATIR
CHICAGO

WITH 30 FIGURES

TRICHOCYSTES, CORPS TRICHOCYSTOÏDES, CNIDOCYSTES ET COLLOBLASTES

PAR

RAYMOND HOVASSE
CLERMONT-FERRAND

AVEC 41 FIGURES

1965

SPRINGER-VERLAG
WIEN   NEW YORK

© 1965 BY SPRINGER-VERLAG/WIEN
LIBRARY OF CONGRESS CATALOG CARD NUMBER: 65-880
ISBN 978-3-211-80732-3   ISBN 978-3-7091-5778-7 (eBook)
DOI 10.1007/978-3-7091-5778-7

TITEL-NR. 8724

Protoplasmatologia
  III. Cytoplasma — Organellen
    E. Structure and Function in Cilia and Flagella

Structure and Function in Cilia and Flagella

Facts and Problems

By

Peter Satir

Whitman Laboratory, Dept. of Zoology, University of Chicago, Illinois

With 30 Figures

Contents

Historical Note

Cilia and possibly flagella were first observed by Leeuwenhoek (1677, 1679) toward the end of the seventeenth century. The case for Leeuwenhoek's priority of discovery of cilia has been elegantly presented by Dobell (1958). The accuracy of Leeuwenhoek's observations has been noted by Hughes (1959) who has also remarked upon the general hiatus in important microscopical observation throughout the eighteenth century, partially based on the technical limitations of available instruments.

An achromatic compound microscope with a resolving power of about 1 μ was first commercially available by 1830. Purkinje and Valentin used the new microscope to study ciliated epithelia and in 1835 they published the first definitive thesis on ciliary motion. Perhaps the most important of their conclusions was that ciliary function is dependent on local conditions affecting the cilia alone, and not on nervous or muscular activity. Shortly thereafter, Sharpey (1835–36) suggested that cilia might be active organelles, possessed of muscle-like ability throughout their entire length. A general revival of interest in cilia and flagella followed throughout the nineteenth century (Engelmann 1879, Pütter 1903).

Modern work on cilia and flagella dates from publication of Gray's monograph "Ciliary Movement" in 1928. The rapid expansion of cytological technique of the 1940's and 1950's has permitted new insights into the problems posed by Gray. Recently, Fawcett (1961) and Fauré-Fremiet (1961) have provided comprehensive reviews of the advances in morphology of cilia and flagella. Sleigh (1962) has reviewed ciliary physiology. Bishop (1962b) and Bishop and colleagues (1962a) have provided treatises on sperm motility. There seems to be no need for another comprehensive review of these subjects at this time. This article will therefore emphasize some of the still unsolved problems concerning cilia and some newer attempts to solve them.

Basic Structural Homologies

In the past, the distinctions drawn between cilia and flagella have been based on length, number per organism, or mode of movement (cf. Sleigh 1962). The latter seems generally valid but somewhat difficult to use consistently.

A basic similarity of structure between cilia and flagella has long been recognized. This similarity has been reemphasized by the electron microscope findings. Figure 1 reviews the now familiar substructure of a typical cilium, in this case, a frontal cilium of the freshwater mussel, *Elliptio complanatus*, showing the organelle in both longitudinal and transverse section through the shaft. The latter displays the well-known 9 + 2 pattern: nine peripheral ciliary filaments set around a central pair, first described by Manton (1952) and her colleagues in plant cilia, and later studied in a variety of ciliated and flagellated cells by Fawcett and Porter (1954), Afzelius (1959, 1961a, b), Gibbons (1960, 1961a, b), Gibbons and Grimstone (1960) and others. A partial list of cells whose motile organelles show the 9 + 2 pattern is presented in Table 1.

Fawcett and Porter (1954) demonstrated that each peripheral filament was composed of two subunits, while each member of the central pair was single. Afzelius (1959) first resolved arms and bridges between peripheral filaments, and claimed that spokes extended from the central pair to each peripheral doublet. A diagram of a sea urchin sperm tail taken from Afzelius is compared to a diagram and an electron micrograph of mussel gill lateral cell cilia in Figure 2 (Micrographs of *Naegleria* flagella are shown in Figures 23 and 24). Comparison of the flagellum with the cilium shows that no consistent structural distinction between the two types of organelles—cilia vs. flagella—is possible. Cilia and flagella are homologous organelles. The sense and consequences of the term "homology" as applied to grosser anatomical structures seem entirely appropriate.

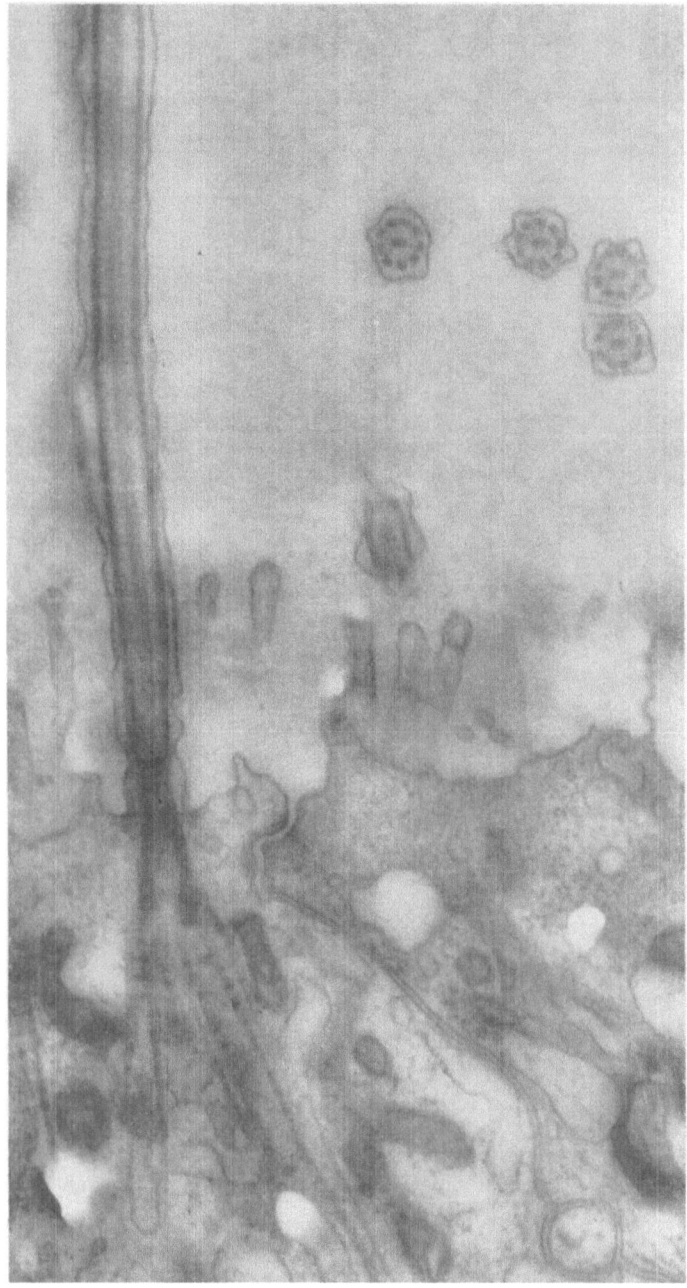

Fig. 1. Frontal cilia of *Elliptio*: Left: Longitudinal section showing ciliary shaft, the basal body, and striated rootlet fibers. This figure illustrates typical ciliary construction: the ciliary membrane is continuous with the cell membrane; the peripheral filaments continue into the basal body while the central pair ends at the basal plate. The inner zone contains periodic short spokes connecting the center to the periphery. 33,000×; Right: Transverse sections illustrating the 9 + 2 arrangement of the filaments.

Similarly, as Henneguy (1898) and von Lenhossek (1898) pointed out over a half century ago, centrioles are homologous to the basal bodies at the proximal ends of cilia or flagella. Again, this hypothesis has received support

Table 1. *Some Reports and Demonstrations of the Occurrence of the 9 + 2 Pattern in Cilia and Flagella.*

Plant Kingdom	Genus	Type	Reference
Thallophytes[1]	Chlamydomonas	. . .	Gibbs et al. (1958)
	Prymesium	. . .	Manton (1963)
	Stigeoclonium	. . .	Manton (1963)
	Allomyces	zoospore	Renaud and Swift (1964)
	Fucus	spermatozoid	Manton and Clark (1956)
	Dictyota	spermatozoid	Manton (1959b)
Bryophytes	Sphagnum	spermatozoid	Manton (1957)
Pteridophytes	Pteridium	spermatozoid	Manton (1959a)
Spermatophytes	Cycas	spermatozoid	Barton (Sleigh 1962)[3]
	Zamia	spermatozoid	Barton (Sleigh 1962)[3]
Animal Kingdom			
Protozoa[1]	Paramecium	. . .	Sedar and Porter (1955)
	Naegleria[2]	. . .	Schuster (1963)
	Trichonympha	. . .	Gibbons and Grimstone (1960)
	Stentor	. . .	Randall and Jackson (1958)
	Diplodinium	. . .	Roth and Shigenaka (1964)
Invertebrates	Philodina	coronal cilia	Lansing and Lamy (1961a)
	Elliptio[2]	intestinal epithelium	Fawcett and Porter (1954)
	Mya	gill epithelium	Fawcett and Porter (1954)
	Anodonta	gill epithelium	Gibbons (1961a)
	Tomopterus	coelomic lining	Afzelius (1963)
	Sagitta	spermatozoan	Afzelius (1963)
	Mnemiopsus	comb cilia	Afzelius (1961a)
	Psammechinus	spermatozoan	Afzelius (1959)
	Microciona	choanocyte	Afzelius (1961b)
Chordates	Branchiostoma	ependyma	Eakin (1963)
	Rana[2]	palate epithelium	Fawcett and Porter (1954)
	Mus	oviduct	Fawcett and Porter (1954)
	Rattus	trachael lining	Rhodin and Dalhamn (1956)
	Homo	fallopian tube	Fawcett and Porter (1954)

[1] Protista extensively illustrated in Pitelka (1963).

[2] 9 + 2 pattern in this organism illustrated by micrographs in this publication.

[3] Reference does not contain illustration.

from the fine structure evidence, since both centrioles and basal bodies are composed of a characteristic nine triplet tubules (Fig. 3). Consequently, no nomenclatural distinction has been drawn between homologous organelles, and synonymous terms for apparently identical structures in other groups of organisms (e.g., "blepharoblast" for "basal body") will be discarded and the structures considered *de facto* identical.

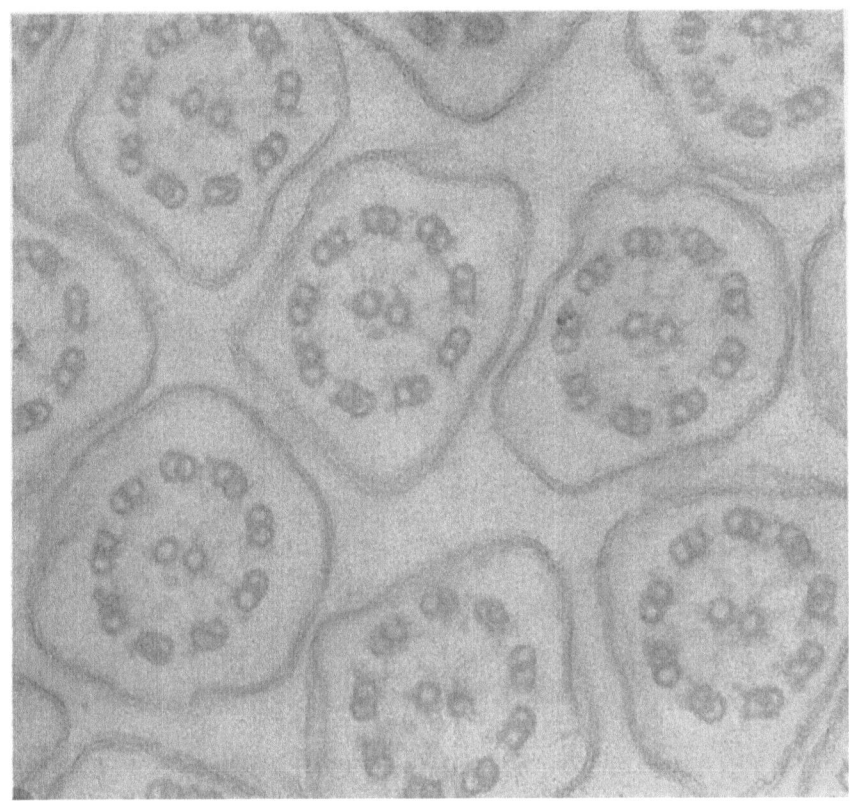

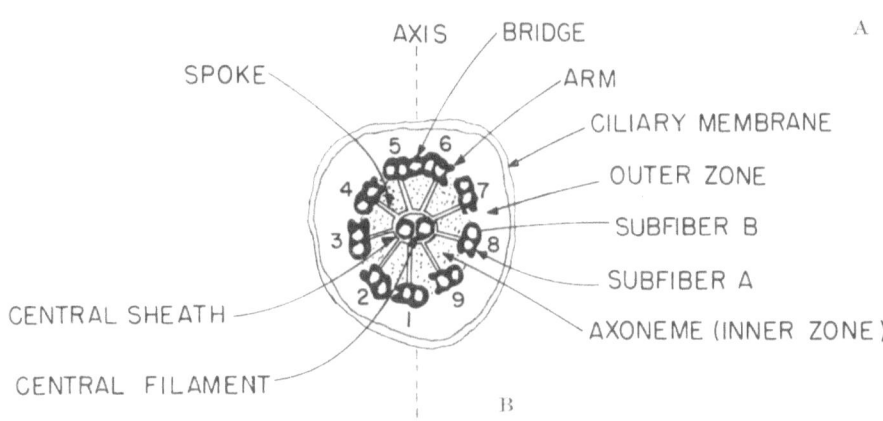

Fig. 2. A. Transverse sections of *Elliptio* lateral cilia. The ciliary membrane is a typical 3-layered unit membrane. Note the wide outer zone between the membrane and the axoneme. The 9 + 2 arrangement is illustrated: the arms all point clockwise on the peripheral filaments; the bridge is at the top of these cross sections. The spokes are of low contrast; they lead to all the peripheral filaments. 139,000 × ; B. Diagram of gill cilium for comparison with A illustrating the terminology used in this publication;   C. Diagram of sea-urchin spermatozoan modified from AFZELIUS (1959).

Aspects of Ultrastructure of Cilia and Derivatives

a) Filament Arrangements

Although most motile cilia and flagella possess the $9 + 2$ pattern, certain other arrangements of axonemal filaments are also found (Fig. 4). These include (a) extra or deleted peripheral filaments, and (b) modifications of the central complex. The best known modification of the peripheral filaments is the so-called $9 + 9 + 2$ pattern, and is prevalent in mammalian sperm (Fawcett 1958) among other forms. An entire extra set of 9 outer fibres is present, but these are completely different from the axonemal fibers in structure and in staining properties. Presumably, the extra set of filaments is important in flagellar motion. When

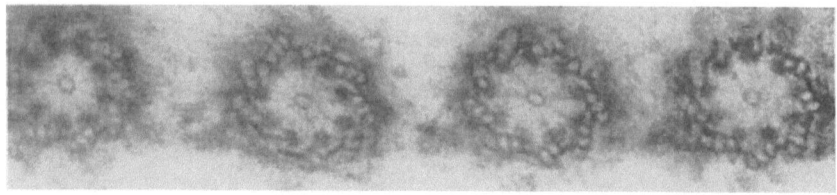

Fig. 3. Basal bodies of *Tetrahymena* showing triplet structure of outer wall. Note the internal cartwheel, characteristic of many basal bodies 50,000× (courtesy of B. Satir).

present at all on a given cell type, the $9 + 9 + 2$ pattern is present consistently for that type.

Variations also occur where the extra filaments are duplex, of similar size, spaced in similar manner, and, to all intents, identical to the axonemal fibers. These seem to be morphogenetic mistakes of limited functional significance and occurrence, akin to similar phenomena at grosser anatomical levels (Satir 1962b). 1, 2, or more extra filaments are occasionally present among many cilia of normal pattern (Afzelius 1963, Satir 1962b). Incomplete rings where one or more filaments are missing are also found (Afzelius 1963, Pitelka 1962). The deletions may occur naturally or they can be induced (Pitelka 1962). Duplications of the central filaments have also been described (Afzelius 1963).

Two further types of modifications of the central complex are known. Both occur consistently and appear to be significant in terms of function. The first is found in flatworm spermatozoa, and is characterized by a single central unit, larger than normal, from which spokes extend to the peripheral filaments. This is the $9 + 1$ pattern (Shapiro et al. 1961). These derivatives may be motile. In the second modification of the central zone, the $9 + 0$ pattern, the central core and associated structures are completely absent. Derivatives with this pattern are usually non-motile, although Afzelius (1964) has discovered an exceptional motile $9 + 0$ sperm. The $9 + 0$ pattern was first recognized as a ciliary derivative by Porter (1957) in the connecting stalks at the bases of the outer segments of the rods and cones of vertebrates, and the distal processes of the crown cells of the saccus vasculosus of fish. This pattern is rather more common than was originally supposed. It is frequently found in photoreceptive specializations of lower chordates and phylogenetically related forms (Eakin 1963). Certain arthropod sense cell endings are similar centriolar derivatives[1] (E. G. GRAY 1960, SLIFER 1961, WHITEAR 1962). In addition, 9 + 0 cilia-like structures have recently been found on a large number of normal or malignant vertebrate cell types (cf. BARNES 1961, GRILLO and PALAY 1963) where their presence had never been previously suspected. In the rat central nervous system, DAHL (1963) and others (DUNCAN *et al.* 1963) have found displacements of the 9 + 0

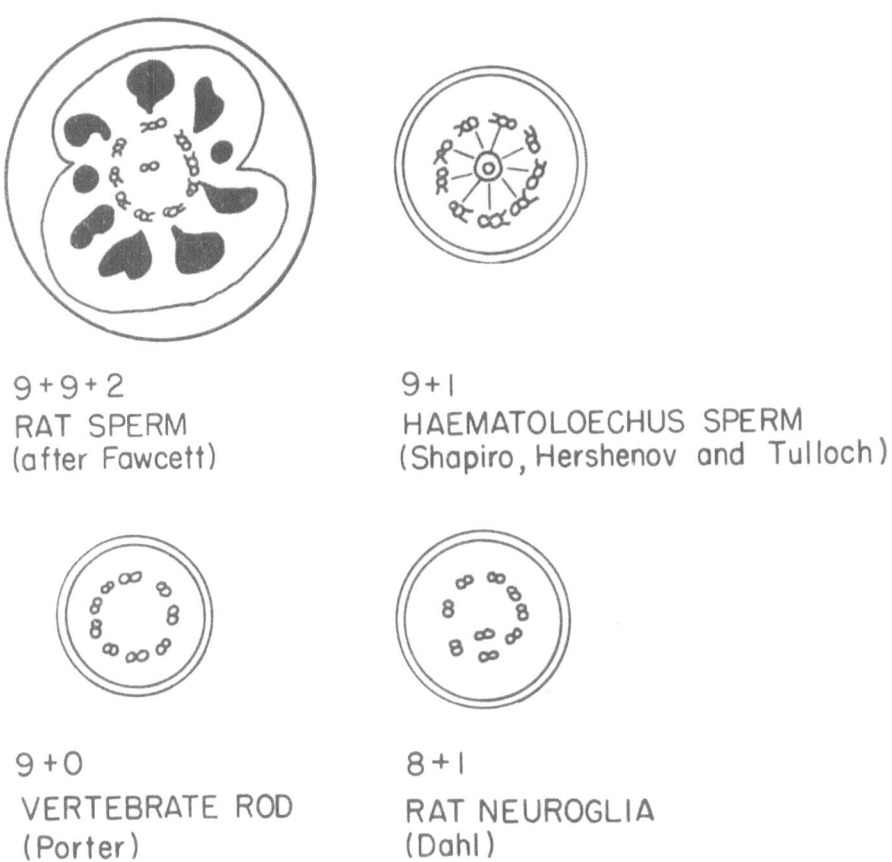

9+9+2
RAT SPERM
(after Fawcett)

9+1
HAEMATOLOECHUS SPERM
(Shapiro, Hershenov and Tulloch)

9+0
VERTEBRATE ROD
(Porter)

8+1
RAT NEUROGLIA
(Dahl)

Fig. 4. Some consistent variations of the 9 + 2 pattern as found in sperm tails and ciliary derivatives. Names in parentheses refer to original descriptions (see Table 2).

peripheral filaments that give rise to another consistent pattern that they have labelled the 8 + 1 pattern. The 9 + 0 organelles play a large part in the INOUÉ hypothesis of ciliary motion to be discussed below. BARNES (1961) has drawn a sharp contrast between the 9 + 0 organelles and 9 + 2 cilia and flagella and pointed out that 9 + 0 organelles are accompanied by accessory basal bodies, while 9 + 2 organelles are not. This conclusion is generally true, but basal bodies

---

[1] 9 + 0 structures have been called "modified cilia" (PORTER 1957). However, 'centriolar derivatives' seems a less committed term, since neither ontogenetic nor phylogenetic orders of precedence between these structures and true 9 + 2 cilia are firmly established.

without accompanying cilia can also be found in ciliated cells [occasionally in molluscs (Gibbons 1961a); consistently in *Amphioxus* gill (unpublished micrographs)]. Even the centriole of the mature sperm cell can be considered an accessory basal body. This is especially apparent in the sperm of the jellyfish *Phialidium* (Szollosi 1964). Further no accessory basal bodies have been demon-

Table 2. *Some Reports and Demonstrations of the Consistent Occurrence of Patterns Other than 9 + 2.*

	Genus	Type	Reference
9 + 9 + 2[1]	*Macroglossum*	spermatozoan	André (1961)
	Perameles	spermatozoan	Cleland and Rothschild (1959)
	Myotis	spermatozoan	Fawcett (1958)
	Homo	spermatozoan	Ånberg (1957)
9 + 1	*Haematoloechus*[2]	spermatozoan	Shapiro et al. (1961)
	Rattus[3]	Schwann cell	Grillo and Palay (1963)
9 + 0	*Rattus*	rod	Porter (1957)
	Hyphessobrycon	saccus vasculosus crown cell	Porter (1957)
	Campanella	stalks	Rouiller et al. (1956)
	Locusta	scolopale cilium	Gray (1960)
	Apis	plate organ	Slifer (1961)
	Carcinus	chordotonal organ	Whitear (1962)
	Hyla	frontal organ photoreceptor	Eakin (1963)
	Sceloporous	pineal photoreceptor	Eakin (1963)
	Henricia	photoreceptor	Eakin (1963)
	Gallus	fibroblasts; smooth muscle	Sorokin (1962)
	Pecten[4]	photoreceptor	Miller (1958)
	Myzostomum[2]	spermatozoan	Afzelius (1962)
	Mus	hypophysis	Barnes (1961)
8 + 1	*Rattus*	granular neuron, neuroglia	Dahl (1963)
	Leptasterias	photoreceptor	Eakin (1963)

[1] Motile derivatives with 9 + 2 axial filament complex.
[2] Motile derivative without 9 + 2 pattern.
[3] Central ring not directly comparable to *Haematoloechus*.
[4] Questionable 9 + 0.

strated in the crown cells, crustacean proprioceptors or in the scallop retinal whorls (Miller 1958). The former examples do not fit the generalization of Barnes. Some doubt exists that the scallop receptor is a 9 + 0 derivative (although the central pair is not clear in the published pictures).

A partial list of known derivatives possessing filament arrangements other than 9 + 2 is given in Table 2.

b) Filament Construction

The ciliary filaments are tubular, hollow, but not vacuous. Some information has been obtained on macromolecular arrays in the filament walls. Using negative staining techniques, ANDRÉ and THIERY (1963) have demonstrated a 35 Å protofibril within both central and peripheral filaments of the axonemal complex of human sperm flagella. PEASE (1963) has confirmed this result on rat spermatozoa. WATSON and HOPKINS (1962) have found a similar substructure in the filaments of *Tetrahymena* cilia. The number of protofibrils in each filament wall and their longitudinal arrangement is still in question. A periodic oblique striation of the wall, presumably indicative of protofibril extent, has been observed (ANDRÉ and THIERY 1963, PEASE 1963).

Much less is known about the matrix of the filaments, but it is quite clear that staining properties sometimes differ even between members of the same peripheral doublet. In some sperm tails, the matrix of one of the subfibers (subfiber a, Fig. 2) may appear dense while the matrix of its partner (subfiber b) is electron transparent. Also, the matrix of subfiber a takes up phosphotungstic acid in ANDRÉ and THIERY's preparations, while subfiber b does not.

The basic dimensions of the filaments are remarkably constant. Within a cilium, there is no detectable systematic variation in size of the nine peripheral filaments (SATIR 1961 b). The same is true for both peripheral and central elements from cilium to cilium. Even interspecific variation is limited (cf. SLEIGH 1962).

c) Symmetry Considerations

In motile cilia, the peripheral filaments are not spaced evenly, as BRADFIELD (1955) originally supposed (cf. AFZELIUS 1959, SLEIGH 1962). The ring of filaments is roughly radially symmetrical where the central complex is absent, where there is only one central unit, or in centrioles and basal bodies. However, the central pair imposes a bilateral symmetry upon the ring in normal cilia and flagella, and closer examination shows that in many cilia the peripheral filaments themselves are arranged around an axis of bilaterality. BRADFIELD (1955) has numbered the ciliary filaments based on the unique filament opposite the central pair (filament no. 1, Fig. 2) and progressing in a clockwise direction. The axis of bilaterality then passes between filament no. 1, the middle of the central pair, and the bridge between filaments 5 and 6 (Fig. 2). This axis is correlated with the direction of the effective stroke of the cilium (see also below).

This description is incomplete, however, since it ignores the arms on the filaments (Fig. 2). The arms extend from subfiber a of the peripheral filaments in one direction only, either all clockwise or all counterclockwise (AFZELIUS 1959), yielding what GIBBONS has described as two enantiomorphic forms of the cilium (Fig. 5). When viewed from base to tip the clockwise enantiomorph is seen in all cilia thus far examined (GIBBONS 1961 b, 1963 a).

Actually, four enantiomorphic forms are possible (Fig. 5) (SATIR 1961 b), since the bridge may be at either the top or the bottom of a cross-section. With no change in orientation of the axis with beat, two of these forms should be seen as the curved cilium twists back and forth through the plane of section (Figs. 6 and 7). In one of these the bridge will be at the top of the cross-section and the arms will be clockwise. Its counterpart will be counterclockwise with the bridge at the bottom of the cross-section. The situation is still more complicated since changes in axis orientation are found with beat (SATIR 1963). At least three of the enantiomorphic forms of Fig. 5 are present in the micrographs of fixed active *Elliptio* gill.

In *Elliptio* also it is possible to define the axis of the cross-section with great precision and to quantitate the angle that this axis makes with the surface of the lateral cells (SATIR 1961b, 1963). In resting filaments this angle is about 70°.

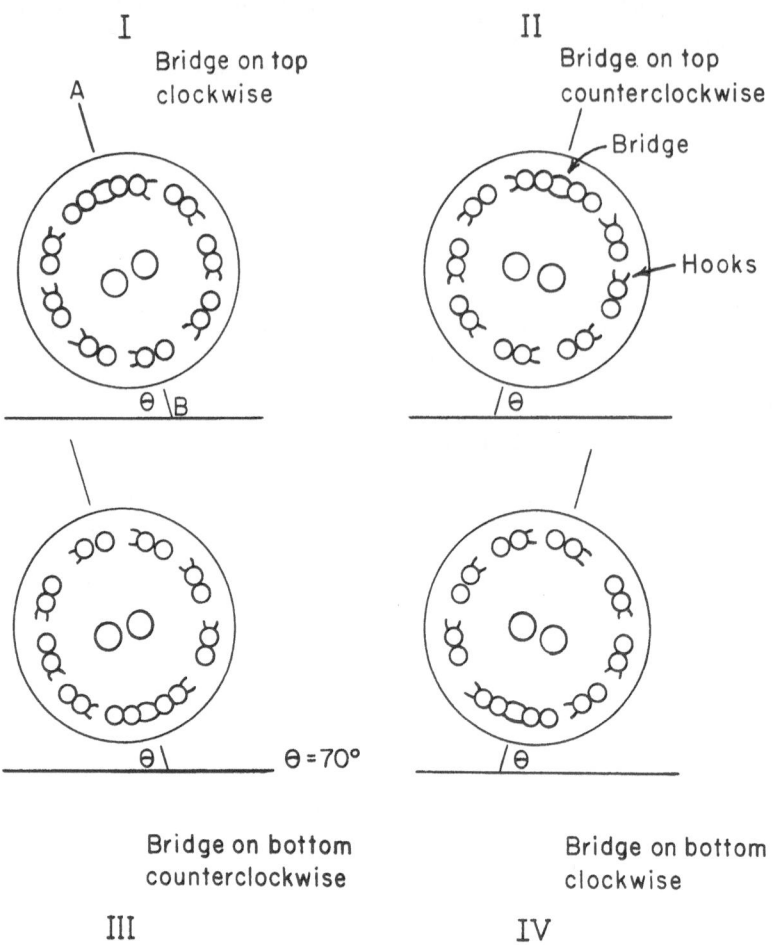

Fig. 5. The possible ciliary enantiomorphs: Two enantiomorphic forms of the cilium have been identified; these are the clockwise enantiomorph (arms (hooks) running clockwise) and the counterclockwise enantiomorph. However, as illustrated, when the bridge and ciliary axis angle (SATIR 1963) are taken into account four enantiomorphic forms of the cilium are possible. I and II are exact mirror images, as are III and IV. In an activated *Elliptio* gill at least three of these forms are present (see below Figs. 7 and 30). In general, an observer viewing the cilium base to tip will see the clockwise enantiomorph (eg. I).

d) Matrix Elements and Cohesion

The cilium is divided into two distinct zones. The first, or inner zone, includes all the material properly within the axonemal complex. The second, outer, zone extends from the edge of the peripheral filaments to the ciliary membrane. The inner zone is nearly circular in shape. The interfilament matrix, filling the zone, is dense, and contains formed elements, either spokes (AFZELIUS 1959) or thin filaments (GIBBONS and GRIMSTONE 1960). The size and composition of the zone is relatively constant from species to species (SLEIGH 1962) and exceedingly constant within one species, except under conditions of functional variation (SATIR 1961b). In contrast, the outer zone is highly variable in structure from

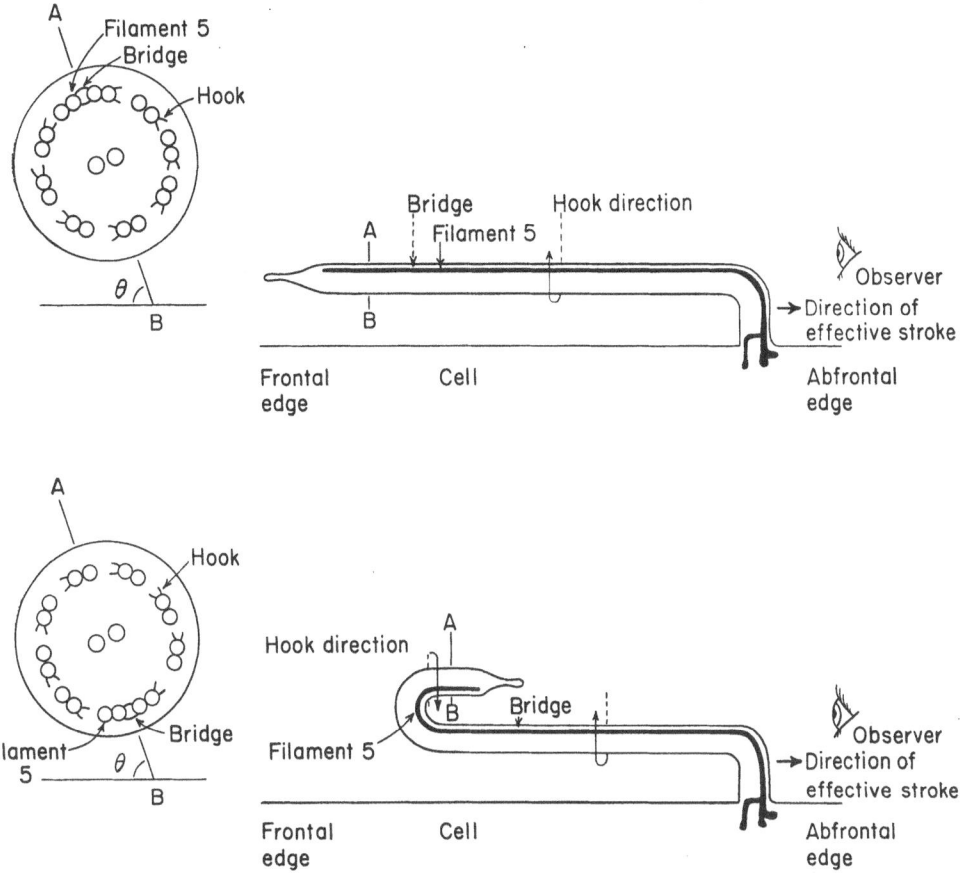

Fig. 6. Enantiomorphic forms of cross sections of *Elliptio* lateral cilia in varying stroke stages. Above: Ciliary tip pointing frontally. Observer looking base to tip sees view I of Fig. 5 (characteristic of inactive gill—see text: Fixation of the metachronal wave). Below: Recovery position; ciliary tip pointing abfrontally. Section through tip shows bridge at bottom, hooks counterclockwise (view III of Fig. 5). Note that cuts of the identical cilium nearer the base will give view I as before.

species to species; in fact, the inner zone may even be found free in the cytoplasm. In a typical case, the outer zone is nearly electron transparent, although occasional contacts between filaments and membrane through the zone may be present. All extra-axonemal structures, including vesicles (see below) and the dense filaments of $9 + 9 + 2$ flagella, occur in the outer zone.

From studies on glycerinated cilia, CHILD (1961) has described the relative internal coherence of the shaft of the cilium (Table 3). The outer zone of glycerol-treated cilia (intra-sheath) can swell some 30 fold, while the inner zone is stable. With progressive treatment the inner zone is freed from the membrane (fiber-

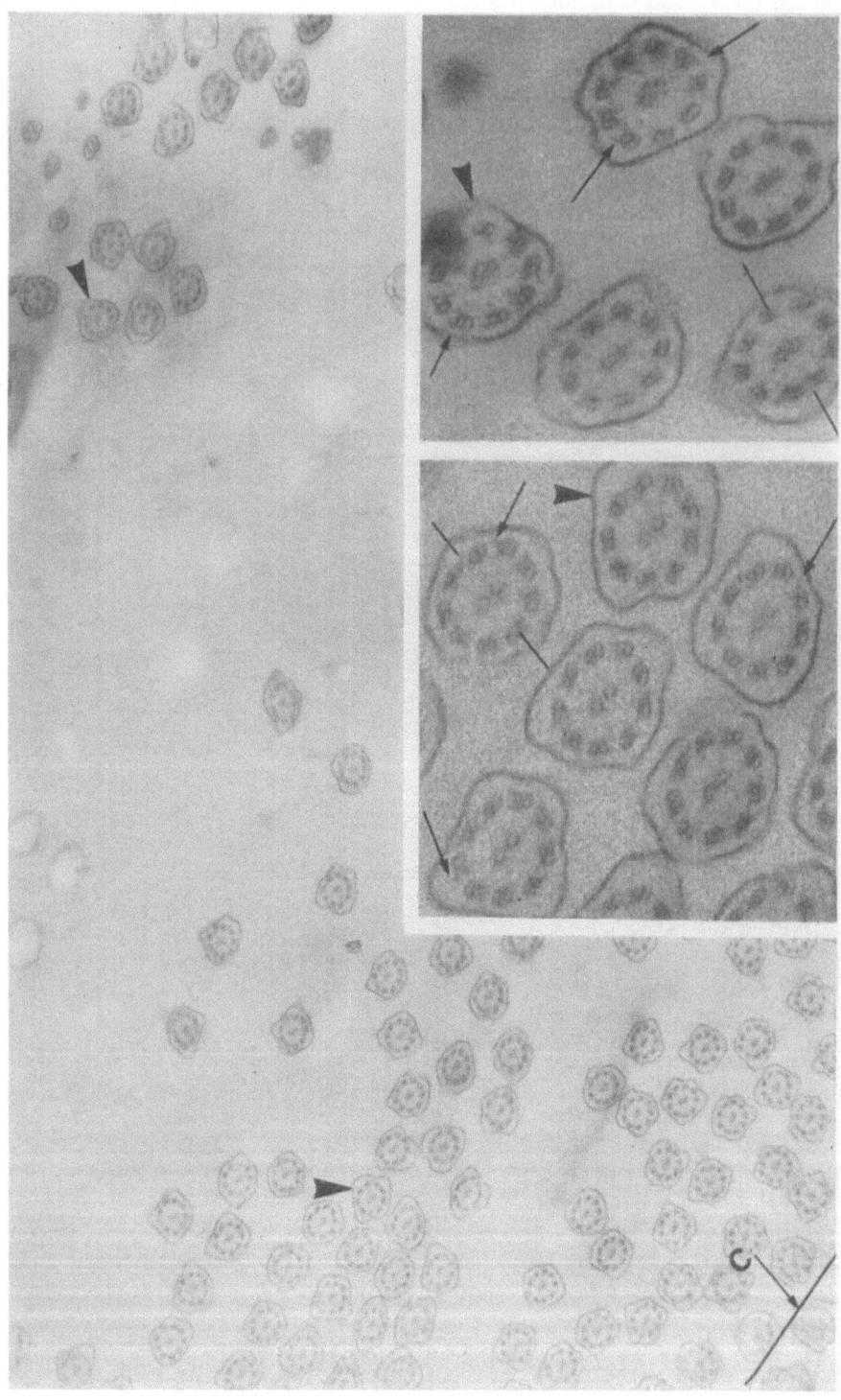

Fig. 7.

sheath). Then breaks occur within the inner zone matrix (inter-fiber) and finally, drastic measures will fray the filaments themselves. CHILD interprets these data to mean that strong bonds hold the filaments together, less strong bonds maintain axonemal relationships within the inner zone, and only weak, readily altered bonds exist through the outer zone between the filaments and the membrane.

Table 3. *Proposed Relative Strengths of Forces Providing Internal Coherence of the Shaft of the Cilium*[1]

Forces listed in order of increasing strength	General description of change after disruption of cohesive force
1. Intra-sheath (s-s)	
2. Fiber-sheath (f_o-s)	freeing of axoneme (outer zone changes)
3. Interfiber (f_o-f_i)	
(f_o-f_o)	displacement within $9 + 2$ pattern (inner zone changes)
4. (f_i-f_i)	
5. Intra f_i	breaks within filaments proper
6. Intra f_o	

[1] Modified from CHILD (1961), s-sheath, f_o-peripheral filaments, f_i-central filaments.

Chemistry

The major part of the cilium is protein, and lipid, possibly phospholipid is present. A small amount of carbohydrate is also present, and, in certain cases, a trace of nucleic acid has been detected. Intimate chemical analysis presents difficulties to the investigator because ciliary preparations are difficult to solubilize and easy to contaminate with cellular debris. Certain cilia lend themselves to analysis because they are readily grown in great quantities. Among these are *Polytoma* flagella and fish sperm tails, which have been analyzed by TIBBS (1957), *Chlamydomonas* flagella analyzed by JONES and LEWIN (1960), and especially *Tetrahymena* cilia, which have been extensively studied first by CHILD (1959) and later by WATSON and his collaborators (1961, 1962, 1964), and by GIBBONS (1963b).

Cilia can be sheared from their cells by ultrasound or homogenization or by a variety of treatments involving glycerol, alcohol, digitonin and KCl or other salts. The most subtle method is perhaps that of WATSON, HOPKINS and RANDALL (1961). Axenically grown *Tetrahymena* are suspended in 0.025 M sodium acetate. Addition of ethanol (12% v/v in sodium acetate) to the suspension causes the protozoa to shed their cilia while the kinetosomes remain in the pellicle. If versene is added with the ethanol the cilia do not fall off, except if calcium ion is added too. In the latter case the cilia are once again shed. The *Tetrahymena*

Fig. 7. Field of *Elliptio* cilia showing clockwise and counterclockwise enantiomorphs. Large arrowheads indicate corresponding cilia in field and in inserts. Line C is drawn parallel to and just above cell surface. Near the cell surface (lower insert) the cross-section corresponds to view II of Fig. 5; further away (upper insert) cuts are through the tips of cilia in the recovery position (view IV, Fig. 5). Within inserts, small arrows point to arms; axis is drawn in with fine lines. Ciliary positions correspond exactly to Fig. 6 lower figure, but observer is looking abfrontally so that mirror images of the transverse sections of Fig. 6 are observed. Figure: 25,000×; Upper insert: 85,000×; Lower insert: 81,000×.

swim in the acetate-alcohol-versene solution until the calcium ion is added, which indicates that this method is remarkably gentle and clean.

WATSON, HOPKINS and RANDALL (1961) have examined their preparations under the electron microscope to show that the isolated cilia have the 9 + 2 pattern and are surrounded by a membrane. They have done amino acid analyses on the ciliary protein and their results are presented in Table 4 (see also WATSON and HOPKINS 1962). Using amino acid composition as criteria of purity and difference, WATSON et al. (1964) have finally succeeded in isolating an alcohol soluble fraction of the total ciliary protein which has a different amino acid composition from the total protein. This is a convincing demonstration of the heterogeneity of ciliary protein.

Table 4. *The Amino Acid Composition of Hydrolyzed Isolated Cilia* [1]

Amino Acid	g/100 g Dry Cilia	Amino Acid	g/100 g Dry Cilia
alanine	5.4	isoleucine	4.4
arginine	5.2	lysine	5.5
aspartic acid	9.4	methionine	1.8
cysteic acid	0.8	phenylalanine	4.3
cystine	0.0	proline	2.0
glutamic acid	11.1	serine	4.6
glycine	3.1	threonine	6.0
histidine	2.7	tyrosine	3.4
leucine	6.5	valine	3.5

[1] Washed, isolated *Tetrahymena* cilia after WATSON, HOPKINS and RANDALL (1961). Comparable figures obtained with dialyzed, isolated cilia, see WATSON and HOPKINS (1962).

A second perhaps even clearer example of the heterogeneity of *Tetrahymena* ciliary protein has been presented by GIBBONS (1963 b). He has extracted cilia isolated by the WATSON method with 0.5% digitonin in tris-Mg buffer, pH 8.3. A protein is brought into solution by this procedure. Ultrastructure studies on the residual pellet reveal that the outer zone of the cilia is altered by the extraction, principally by removal of the ciliary membrane, but the inner zone is nearly intact. The protein of the residual pellet constituting about 50% of total cilium protein is designated structural protein.

The structural protein of the cilium is almost wholly soluble in moderately concentrated solutions of salt (0.6 M KCl). After 18 hrs., 90–95% of the protein is solubilized and centrifugation yields only a very small pellet of residual lipid.

On the other hand, dialysis of the structural protein against tris-EDTA solution of very low ionic strength, solubilizes only about 30% of the ciliary protein. The residue, examined with the electron microscope, consists of peripheral filaments alone. Generally, the orientation of the filaments with respect to one another is maintained, but all structural complications such as arms or spokes are missing (Fig. 8). Recombination of the dialysate with the residue under appropriate ionic conditions leads to a rebinding of about half of the solibilized protein. The principal structures that return are the arms on the filaments.

Examination of the dialysate by ultracentrifugation reveals the presence of three main peaks, at 4 S, 13 S, and 25 S, the former two peaks probably representing breakdown products of the 25 S particles. The particles are proteinaceous. The 13 S and 25 S components contain the ATPase activity normally associated with ciliary protein. In GIBBONS' preparations the structural protein of the cilium contains almost all the ATPase activity. On dialysis almost all the

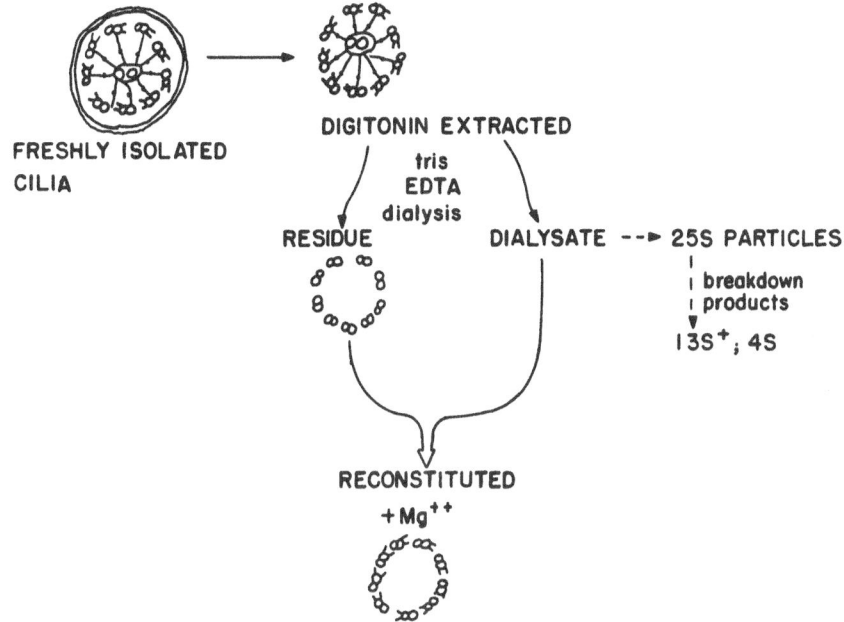

Fig. 8. GIBBONS' localization of ATPase. Diagrams of cross-sections based on micrographs in GIBBONS (1963 b); ATPase activity is associated with the presence of arms. See text for further explanation. The 13 S fraction has the highest specific activity for ATPase yet obtained.

activity is in dialysate. So, the 13 S component is the most highly purified form of the fibrillar ATPase prepared thus far. It represents 8% of the total ciliary protein while its specific activity is some 15 times greater. The above evidence indicates that the presence or absence of ATPase activity in the ciliary residue is correlated with the presence or absence of the arms on the outer fibers. The correlation strongly suggests that the arms are the site of at least part of the ATPase activity of the cilium.

GIBBONS' work is the first to localize ATPase within the inner zone, although histochemical procedures for the localization of ATPase at a fine structure level have been available for several years now. These procedures have been applied to mammalian sperm tails by NELSON (1958) and to rotifer cilia by LANSING and LAMY (1961 b). The results of these workers do not entirely coincide with those of GIBBONS. NELSON finds activity associated with the accessory filaments in the spermatozoan, and possibly not with the axoneme at all. LANSING and LAMY locate ATPase outside the peripheral ring near filaments 1 and 5.

Glycerinated Model Systems

Wherever the ATPase finally proves to be localized with respect to a transverse section of the axoneme, there is general agreement that ATPase must be located along the greater part of the length of the shaft since the cilium is apparently active throughout its greater length. The objection that these organelles are merely passively wagged by the cell is of some historical interest, but the point is not under serious dispute now, because of the arguments of Gray (1928) and Machin (1958) and more particularly because of the experimental preparations of Hoffmann-Berling (1955, 1959), Bishop and Hoffmann-Berling (1959), Alexandrov and Arronet (1956), Brokaw (1961) and others. The latter involve the manufacture of glycerinated models of cilia and flagella, and reactivation of the models with ATP. There is no doubt that under appropriate ionic conditions, the glycerinated cilia and flagella beat rhythmically for minutes or hours when presented with physiological amounts of ATP.

Bishop and Hoffmann-Berling (1959) have studied the reactivation process with mammalian sperm, extracted in a glycerine-saline medium in the cold. The extraction causes a loss of respiratory and glycolytic function and a deterioration of permeability. In the presence of 0.1–10 mM ATP such extracted models will oscillate for periods of 2 hours or more, both shortening and elongation being induced by ATP. The amplitude of the waves is about 10 μ, comparable to live sperm. Beat frequency is also comparable to live sperm and is inversely proportional to ATP concentration. A similar situation pertains with flagella models of insect sperm and sea urchin sperm. Beat frequency is also affected by ionic strength, temperature and pH. The induced waves are uniplanar and may occur throughout the flagellum or be restricted to one region. Dephosphorylation of ATP accompanies reactivation. Mg^{++} is an essential cation; K^+ or Na^+ is also required. ITP can replace ATP, but higher concentrations of ITP are required. Intact isolated flagella, but not fragments can also be reactivated. There is no indication of co-ordination or wave propagation in the models and the capacity for forward motion is lost.

Brokaw (1962), on the other hand, has been able to produce forward swimming in reactivated, isolated, whole flagella of *Polytoma uvella*, which are simpler than mammalian sperm tails in ultrastructure, since no complications of the basic pattern are present along the length of the tail (see Fig. 2). Brokaw claims that the isolated flagella propagate waves along their length, and move forward when treated with ATP. However, the amplitude of the waves is only half normal and the rate of forward progression is 10 μ/sec compared with 40–50 μ/sec in the intact living cells.

One difference, then, between living flagella and isolated models may be the efficiency with which energy from ATP splitting is coupled with motion, although another possibility is that the isolated models are abnormally stiff. Brokaw favors the latter interpretation.

Satir and Child (1963) have prepared glycerinated models of ciliated epithelial cells from frog palates (*R. pipiens* and *R. catesbiana*) and have reactivated them with ATP (5 mM), after the method of Alexandrov and Arronet (1956). As expected, the cilia revive and the cells wiggle. Generally, reactivated cilia

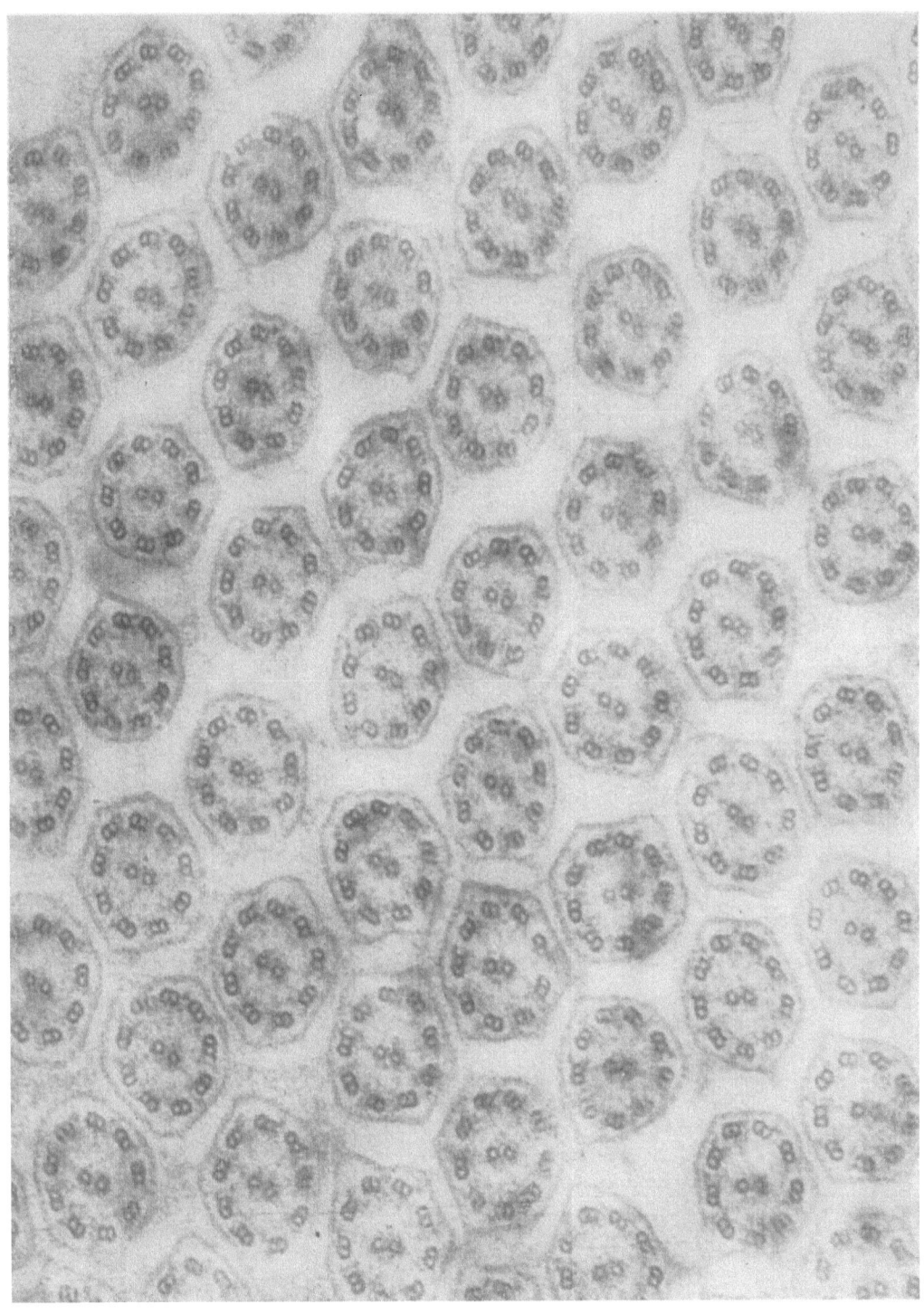

Fig. 9. Frog palate cilia (*Rana*). Control: Fixation immediately upon excision. 90,000×.

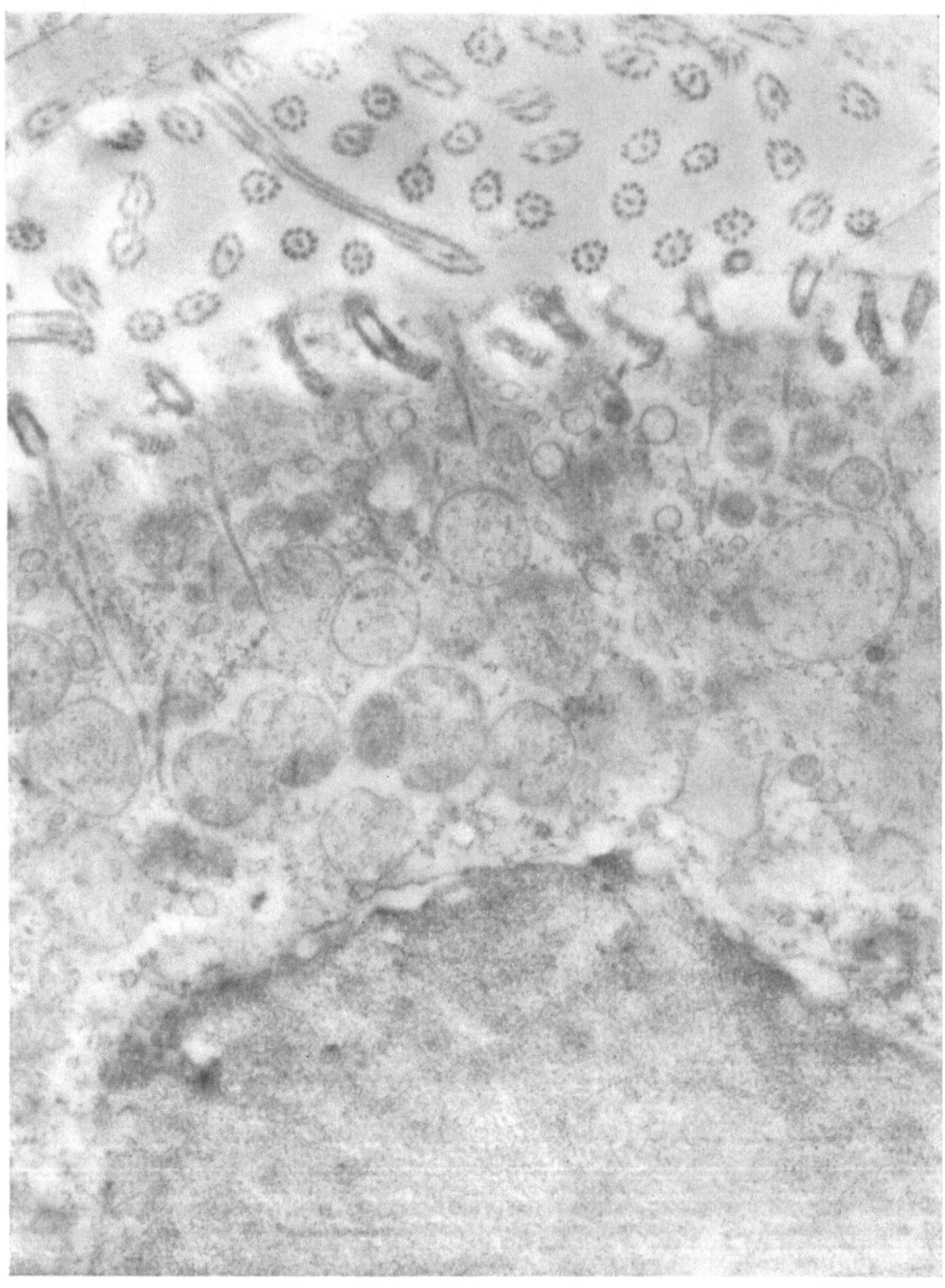

Fig. 10. Micrograph of glycerinated model of frog palate cell with reactivatable cilia. Note nearly complete absence of cell and ciliary membrane. General cell structure is extracted but recognizable. 19,000×.

on one cell beat synchronously. These reactivated preparations have been fixed with osmium tetroxide, and embedded in Epon for electron microscopy. The results are shown in Figures 9–11. Figure 9 shows a control preparation of cilia

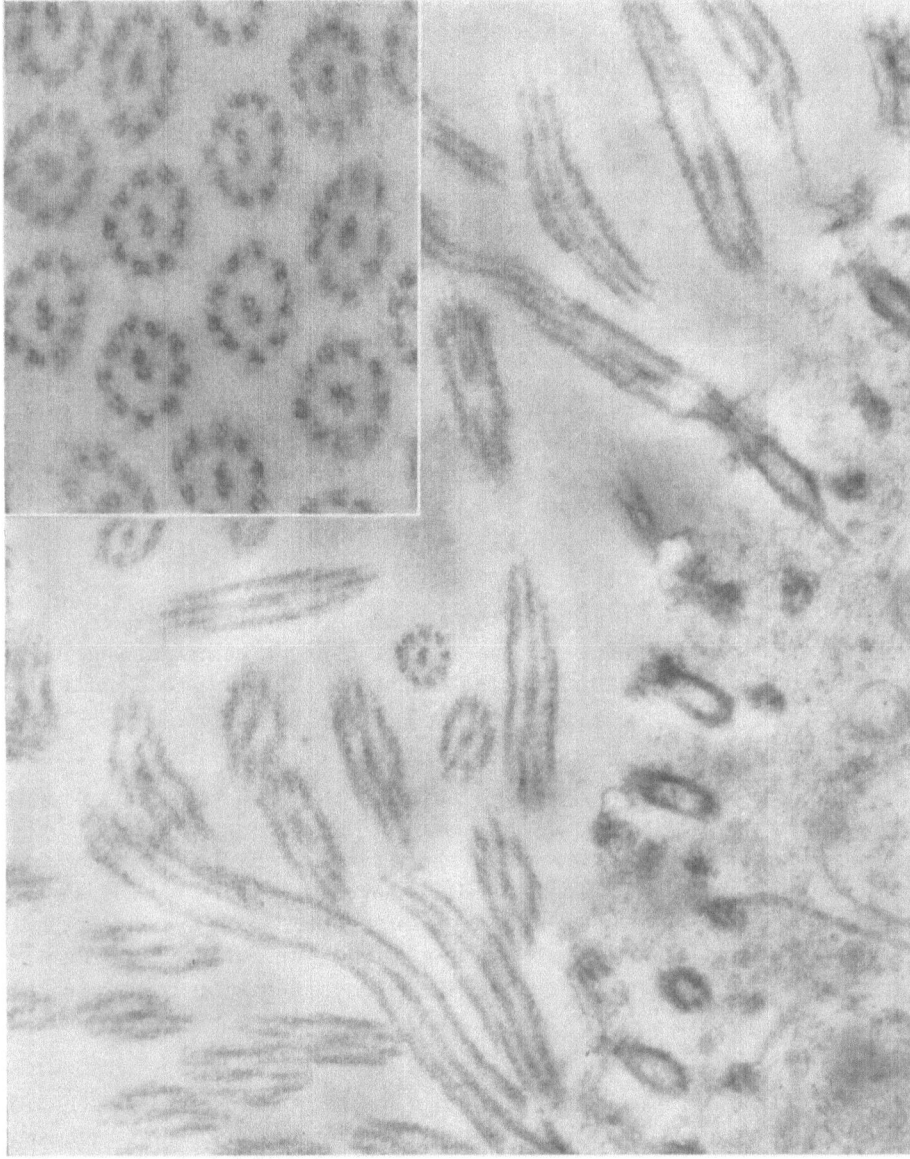

Fig. 11. Reactivated glycerinated model cilia. Field of cilia without membranes. Note bends in axoneme. General axonemal relationships are maintained and models are motile but only small fragments of cell membrane are retained. 32,000×. Insert shows 9 + 2 pattern fairly well preserved, although some extraction is evident. 58,000×.

from a bit of epithelium that has been fixed directly from a living animal. The cross sections of the cilia are comparable to those of Figure 2 above. Figure 10 shows a low power view of a reactivated glycerinated cell derived from the same epithelium. The cell morphology is really rather well preserved considering the treatment, and remnants of mitochondria, endoplasmic reticulum and so on are clearly visible. The cilia are embedded in the fibrous cortex; gross morphology of the cilia remains unaltered except in one important respect: the cell membrane is gone and the ciliary axoneme is naked. This is shown in more detail in Figure 11. In that figure, it is quite clear that there is remarkably little alteration detectable by electron microscopy in the structure, spacing, or arrangement of the ciliary filaments in the models as compared to the control material. We take this to mean that the filaments and the inner axoneme matrix are left intact after glycerol treatment. If this conclusion is applicable to the *Polytoma* flagellar system too, then the macromolecular arrangements indicated by these axonemal structures alone are responsible for coupling ATP breakdown to motility in cilia and flagella. This would suggest that ATPase activity is located in the ciliary shaft internal to the ring of nine peripheral filaments and would support Gibbons' localization of the enzyme.

The Supply of ATP to the Shaft

Since the axoneme is not naked in life and cilia and flagella are often exceedingly long—100 μ lengths are not uncommon—effective transport of ATP to a shaft active throughout its length presents a certain difficulty. Three possibilities present themselves:

(1) External ATP supply

Bishop (1958) and Pautard (1962) claim reactivation of "tired" spermatozoa (not models) with ATP added to the medium. It is not entirely inconceivable that ATP is available from outside the membrane in certain physiological situations.

(2) Generation of ATP along the shaft

Glycolytic or respiratory enzymes have not been localized with sufficient precision to rule out entirely their presence in the ciliary matrix and an ATP supply from this source. In invertebrate sperm tails no glycolytic system can be found and Rothschild and Cleland (1952) have shown that endogenous phospholipid located largely or exclusively in the midpieces, serves as energy substrate. Nevertheless, even here enzymes of the terminal electron transport system may be distributed throughout the tail (cf. epilogue in Bishop 1962a).

(3) Internal transport of ATP

If ATP is internally supplied by mitochondrial respiratory enzymes and/or glycolytic pathways located in the sperm midpiece or in the cortex of ciliated cells, a transport mechanism must be postulated to move the energy rich compound up from the cell or spermatozoan midpiece as needed and perhaps, away from the active sites of utilization after degradation. The role of diffusion vs. active processes of transport of ATP is unknown, but one form of active transport, via vesicles, can be imagined (Satir 1962a). Sequestration of ions or small molecules including adenine nucleotide (Hill 1964) in vesicles in comparable situations in muscle and nerve (De Robertis and Ferriera 1957, Ebashi and Lipmann 1962) is well known.

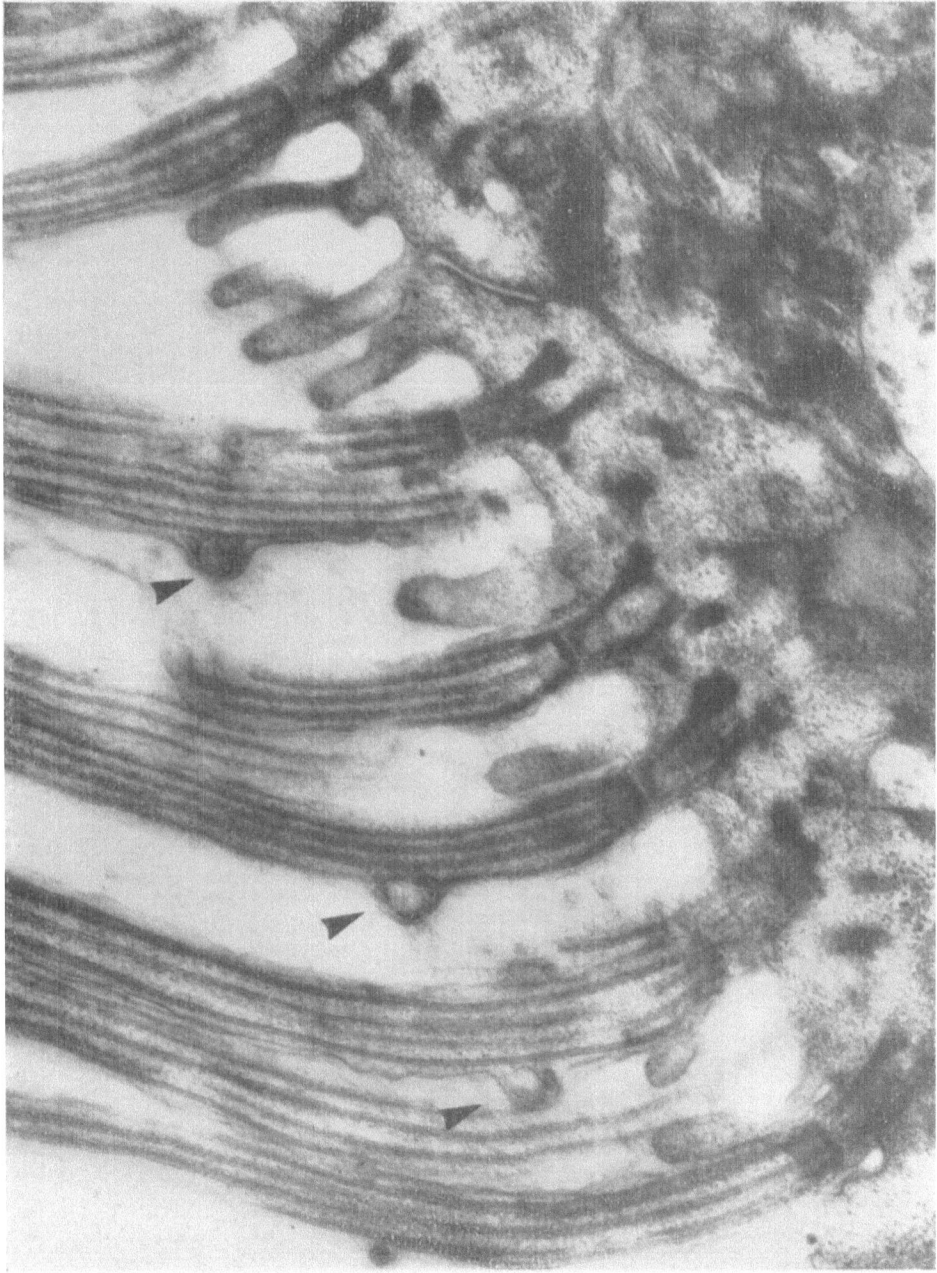

Fig. 12. Gill cilia showing vesicles (arrowheads). The vesicles are membrane bound. There is generally one large vesicle that may be accompanied by several small vesicles. The cilia here are fixed in the same stroke position. Correspondingly, the vesicles are at about the same height along the shaft (~ 1 μ above the basal plate). Compare Fig. 13. 26,000 ×.

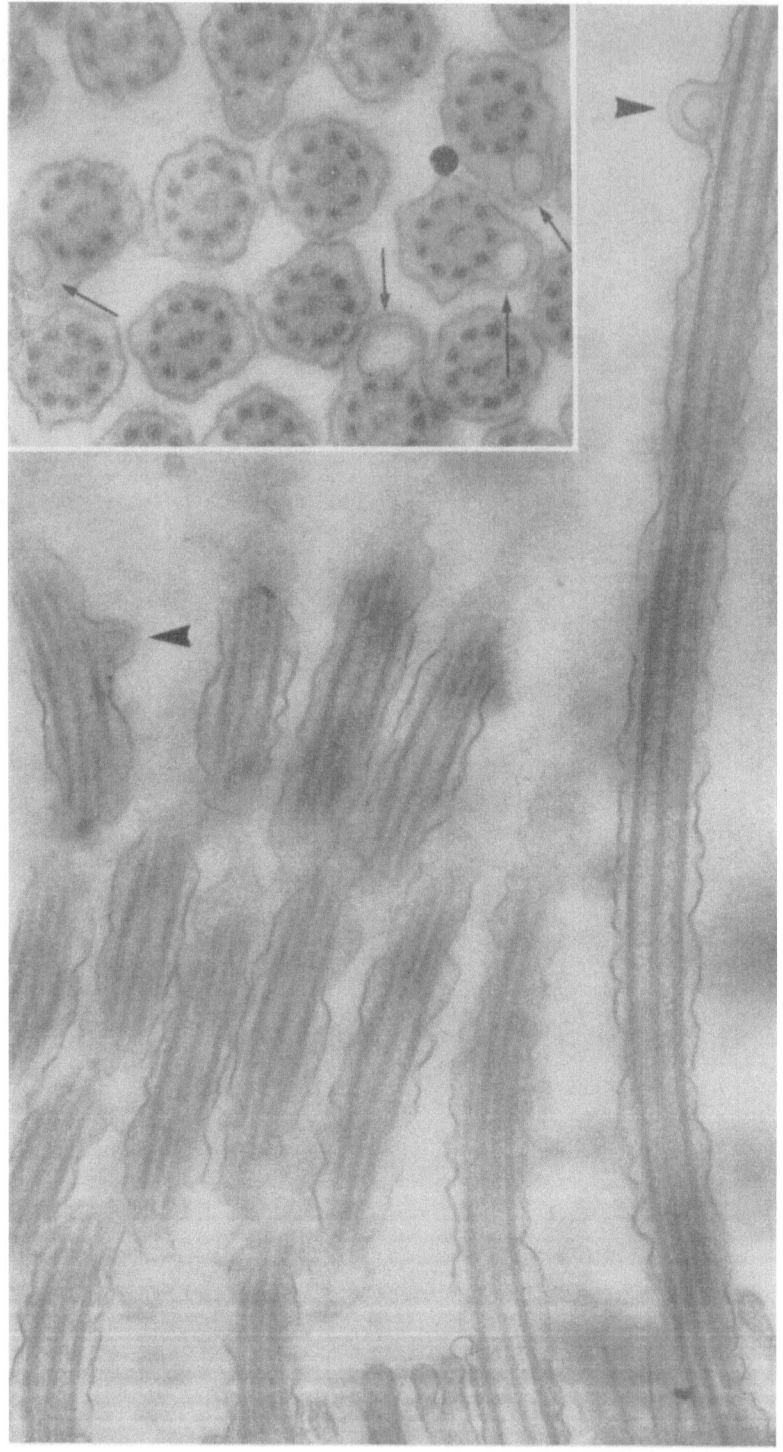

Fig. 13. Positional variations of vesicular component with respect to the ciliary shaft. Longitudinal section of lateral cilia for comparison with Fig. 12. 38,000×. The vesicles (arrowheads) are much higher along the shaft. The position of the vesicles with respect to the axonemal filaments also varies. Four additional vesicles illustrating this latter point are shown in the insert (arrows) 52,000×.

A Vesicular Component of the Shaft

A vesicular component in the outer zone alongside the axoneme can be seen in some electron micrographs of cilia and flagella, but little, if any, attention has been given to this component. It appears in a typical cilium of *Paramecium* (Fig. 29 of PORTER 1957), in a cross-section of myzostomid worm sperm tails (Fig. 4 of AFZELIUS 1962), in rotifer (HUMPHREYS and SWIFT, unpubl.) and lamprey cilia (PORTER, personal communication). In these cases no systematic survey has been attempted. A bit more is known about the properties of the vesicular component of cilia of *Elliptio* (SATIR 1962a), where vesicles have been observed on cilia of the laterofrontal cirrus and on many lateral cilia (Figs. 12 and 13). The vesicles are approximately spherical in shape, about 70 mμ in radius, and membrane bound. They always appear between the axoneme and ciliary membrane. Occasionally, smaller vesicles accompany the major vesicle. In the best cases, about 7% of a field of cross-sections show vesicles, but the vesicles are not consistently associated with any particular ciliary filament (Fig. 13).

Some variation of the height of the vesicles from the base of the cilium has been detected (Figs. 12 and 13). In all, vesicles have been found at distances varying from 0.9 μ to 6.4 μ above the basal plate along the shaft, from 6–46% of total shaft height. In certain cases there is apparent correlation of vesicle height with ciliary stroke position, which suggests the possibility that the vesicles move up or down the shaft.

Some variation in vesicular size is also observed; measurements of major vesicles have ranged from 40–90 mμ in radius. The information is as yet too scanty to provide any additional clue to the function of the vesicles, except that the size seems sufficiently large to provide the necessary ATP for ciliary motion.

The minimum rate of ATP utilization during motion is calculable from ROTHSCHILD's (1961) figure for energy expended per sperm cell (2×10^{-7} erg/sec) and the free energy of hydrolysis of ATP (8.4 kcal/mole). 5×10^{-18} kcal would be expended per sperm per sec and this would require hydrolysis of about 4×10^5 molecules of ATP/sec. The actual rate of hydrolysis is probably about ten times greater (ROTHSCHILD 1962). In this case, a vesicle 70 mμ in radius would be required to hold about a million molecules of ATP.

Similar vesicles are observed during morphogenesis of cilia and centriolar derivatives (see below). Among the suggested functions for the component, aside from or instead of ATP transport, are (a) some role in ciliary morphogenesis and/or regeneration and maintenance of structure, (b) pinocytosis (from environment to cilium) or (c) transport of ions or small molecules other than ATP.

The Affinities of Ciliary Proteins

The question as to whether cilia contain the operative protein constituents of muscle or other contractile systems is of some interest, because of the widely accepted tenet that all forms of biological movement have the same molecular basis. As is well known, the foundations of this tenet with regard to cilia largely lie in the work of ENGELHARDT (1946), of WEBER (1955), and of ASTBURY and co-workers (1955). ENGELHARDT was among the first to demonstrate ATPase activity in non-muscle locomotory systems. He extracted an ATPase from sperm tails and designated it "spermosin" to suggest myosin-like affinities. WEBER initiated the work on glycerinated models, paralleling SZENT-GYÖRGYI's muscle models, that led directly to the HOFFMANN-BERLING experiments discussed above. ASTBURY was one of the first to study fibrous protein structure by x-ray diffraction. Particularly, he and his colleagues related keratin, myosin, epidermin, and fibrin on the basis of their α pattern and cross-β reflections on stretching. They showed that these belonged to a single group of fibrous proteins, and that bacterical flagellar protein, flagellin, also belonged to this group. They suggested that animal and plant cilia and flagella also might be composed of k-m-e-f related protein, and that the fibrillar structure of the cilium might represent eleven bacterical flagella molded into one superstructure.

In general, the earlier efforts attempted to link ciliary protein with muscle myosin. BURNASHEVA (1958) confirmed ENGELHARDT's result with spermosin extraction and in addition failed to extract actin from bull sperm tails. However, it has been pointed out that the ATPase activity of the flagellum differs in several respects from that of myosin, and PAUTARD (1962) has shown that the infrared spectrum changes of flagella after treatment with acid do not resemble the changes obtained with myosin.

More recently, a certain amount of evidence has accumulated on the possible affinities of ciliary protein and actin. CHILD (1959) noted that extracted *Tetrahymena* cilia contained bound adenine and uracil nucleotides. RUBY (1962) has claimed to have isolated an actin-like moiety from sea urchin sperm tails. PAUTARD (1962) has shown that his infrared spectrum changes resemble those of actin. He has extracted gels that represent 25–40% of the weight of the flagellum from fish sperm with 0.5–0.6 M KCl solutions buffered to pH 8.9. These gels generally contract upon addition of ATP and sometimes oscillate with periods of 3–10 seconds. The gels can be coprecipitated with myosin and the resultant mixture is more reactive to ATP than myosin or flagellar protein is alone. No coprecipitate is formed with actin under similar conditions (low ionic strength, KCl, pH 8).

There is relatively little evidence that contraction of the cilium involves the same sort of process as muscle contraction although most workers accept the premise that changes in either length or filament position (sliding filaments?) are involved in ciliary motion. It has been calculated that the ciliary shaft need contract only about $\pm$ 5% of its length to permit the observable distortions of shape (AFZELIUS 1959, GRAY 1955, SLEIGH 1962) to occur. Vertebrate skeletal muscle normally contracts about 20% of resting length, more with certain treatments. However, other types of muscle shorten very little (BENNETT 1959).

Attempts at x-ray diffraction of cilia and flagella (other than bacterial) have been largely unsuccessful to date. There is general acceptance of the contractility and locomotory functions of bacterial flagella. Also, spirochaete flagella are similar to bacterial (GRIMSTONE 1963), but there has been no further evidence to link these organelles with other true flagella and cilia. The bacterial flagellum is probably a 117 Å or so solid protein fiber composed of self-assembling subunits of about 45 Å diameter arranged in three to five helical filaments (KER-RIDGE *et al.* 1962). The fiber is not surrounded by cell membrane. The subunits are taken to be flagellin (ABRAM and KOFFLER 1964, LOWY and McDONOUGH 1964). Their solid arrangement is in contrast to the more tubular structure of true ciliary filaments.

The tubular nature of ciliary filaments has suggested morphological affinities to a growing group of cytoplasmic microtubules that appear to be involved in contractile processes such as mitosis (ROTH and DANIELS 1962), cytoplasmic streaming in plants (LEDBETTER and PORTER 1963), and axostylar movements in certain protozoa (GRIMSTONE 1963). Microtubules are also seen in muscle in certain cases (AUBER 1964). Although various sizes have been reported for these microtubules they appear closer in general to ciliary filament size than do the bacterial flagella. The present view must be that there is some general relationship between different biological locomotory processes, but that the details, especially the details of protein specificity and arrangement, may differ. For example, FINCK and HOLTZER (1961) have presented a convincing case for the absence of either actin or myosin in cilia and flagella. These workers have studied suspensions and extracts of chick myofibrils, sperm, and ciliated epithelial cells, treated with fluorescein-labelled antibodies to skeletal muscle actomyosin and examined micro-scopically. They report no fluorescence of cilia or sperm, while the myofibrils fluoresce as expected. Immunochemical controls using unlabelled anti-myosin give no cross-precipitation with cilia or sperm antigens. Protein masking or extraction is considered unlikely.

Finally, FILSHIE and ROGERS (1961) have described a 9 + 2 pattern of protofibrils comprising α keratin of merino wool and porcupine quill. Whether this similarity of pattern between α keratin and cilia is fundamental or trivial is still not understood. Ninefold symmetry can be achieved by partial repeats of a regularly arranged binding site along an α helix (SATIR and SATIR 1964). The α helix is thought to be a fundamental structural unit of α keratin; perhaps the 9 + 2 pattern of cilia indicates that the helix also plays a role in ciliary construction and/or morphogenesis.

The Beat of Cilia and Flagella

An established axiom of fine structural cytology is that common fine struc-ture presupposes biochemical and physiological identity. It is therefore quite interesting that the long shafts of cilia and flagella are distinguishable on physio-logical grounds, but not morphological. Cilia exhibit an effective and recovery stroke while a continuous flexure passes up the sperm flagellum. The charac-teristics of both undulatory motion as seen in sperm cells and flexural motion as seen in cilia from many sources are undoubtedly familiar to the reader and need not be belabored. The typical form of undulatory motion as taken from one of GRAY's beautiful records (1958) is shown in Fig. 14. For comparison, Fig. 15 shows the typical form of flexural motion. It is of interest that BROKAW (1963) has found that the shape of the waveform in undulatory motion is not a good approximation of a sine curve, but rather is better fitted if the curved regions are connected by linear segments.

SLEIGH (1960) has sought a unification of the two forms of motion. According to SLEIGH, from studies of the peristomial cilia (cirri?) of *Stentor*, in ciliary motion a flexible curve passes up the ciliary shaft from base to tip, producing the effective stroke as it is initiated near the base of the cilium, and then the recovery stroke as it moves up the shaft (cf. Fig. 19: left). The length of the cilium in *Stentor* is 30.4 μ and the frequency of beat is 22.4 per second. There is essentially no interkinetic period between beats so that the length of the cilium approximates the wavelength of the propagating distortion and the rate of propagation of the contractile wave can be calculated to be 844 μ/sec. In undulatory motion, the length of propagating wave is shorter than the flagellar length. GRAY (1955) has given the length of typical sea urchin spermatozoa as 40–45 μ, the frequency of wave propagation as 33 per sec. and the wave length as 24 μ. The rate of propagation is then also on the order of 800 μ/sec. There is a few degrees' difference in the temperatures at which these two sets of measurements were taken, but even so, the actual kinetics of beat initiation and propagation would seem to be quite similar in the two cases. This is in accord with the similarities of ultrastructure and suggests that there are no really essential differences in the mechanism of flexural and undulatory motion as far as shaft propagation is concerned.

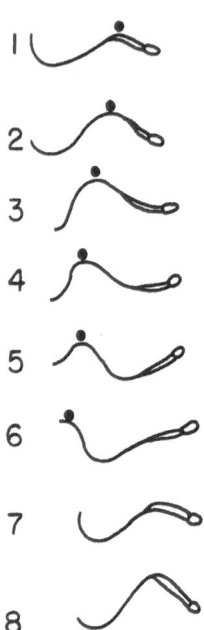

Fig. 14. Undulatory motion as illustrated in bull sperm motility. Sequence of drawings (1—8) taken from sequence of photographs by GRAY (1958). The black dot (pictures 1—6) illustrates the progress of a single wave of distortion along the flagellum. Interval between drawings 15 msec.

Studies on *Opalina* by SLEIGH (1960) and others support this conclusion. In *Opalina* the direction of the beat, and of the metachronal waves generated by beat patterns, is variable. There are relatively few beats per second (1–4) and the beat form differs considerably from that of *Stentor*. There are two bending waves per beat, and no clearly defined effective stroke can be distinguished. Since the length (10 μ) and number of the organelles per organism are more characteristic of cilia than flagella, while the beat is more or less undulatory, *Opalina* has been classified as a ciliate at some times, a flagellate at others. It probably is representative of a true intermediate case. In a rather early electron microscope study PITELKA (1956) described the cortical ultrastructure of *Opalina*. The structure of the cilium and basal body of the organism seemed entirely conventional. It would be interesting to reexamine the ciliary ultrastructure with the more sophisticated methods now available, which might yield more information on beat form.

The question of flagellar motion is further complicated by the fact that some flagella (tractella) can lead their cells in some cases—*Euglena* or *Peranema*, for example—whereas other flagella (pulsilla) appear to propel the cells from behind (sperm tails). GRAY (1928) originally proposed that in the latter case, waves passed up the flagellum from base to tip, while in the former, waves passed from the tip of the flagellum back toward the cell. This is illustrated in Figure 16. On the other hand, in a later study LOWNDES (1941) found that in all cases,

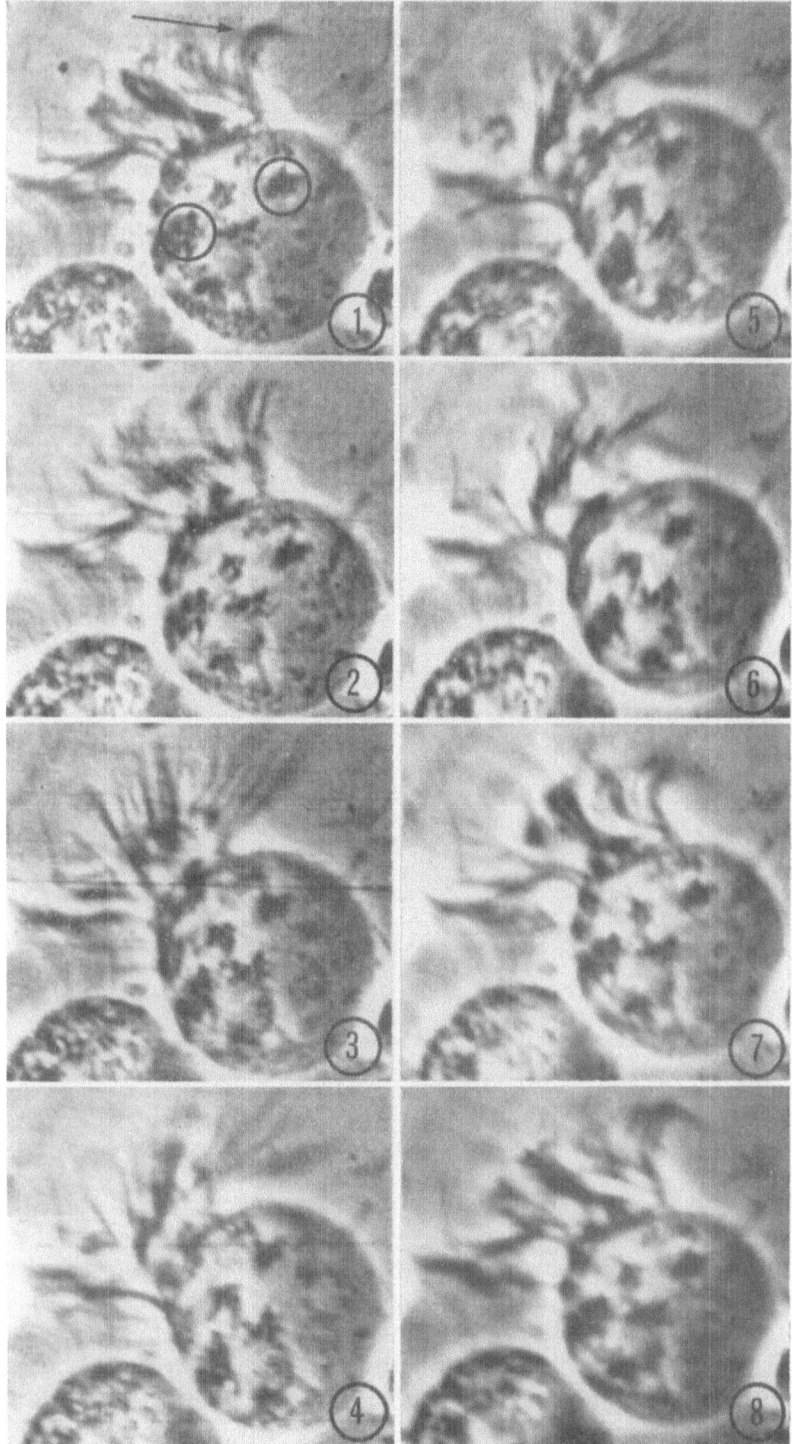

Fig. 15. Flexural motion as illustrated by *Elliptio* lateral cilia. The arrow (Frame 1) indicates a group of cilia that show the typical form of flexural motion through the sequence. Circles in Frame 1 are fixed points for the construction of Fig. 19 B. Note particularly the disposition of these points in Frame 4 Interval between frames approximately 125 msec. 1,300 ×

including *Peranema* and *Euglena* particularly, waves pass up from the cell toward the tip of the flagellum and never vice versa. The flagellum itself rotates and acts effectively as a propeller and the disposition of the cell with respect to the flagellum, as pictured in Figure 17, determines whether the cell "leads" or "follows". Lowndes proposed that the tractellum of Figure 17 is the generally stable form in flagellates, while the pulsillum is mechanically awkward and rather rare, except for sperm.

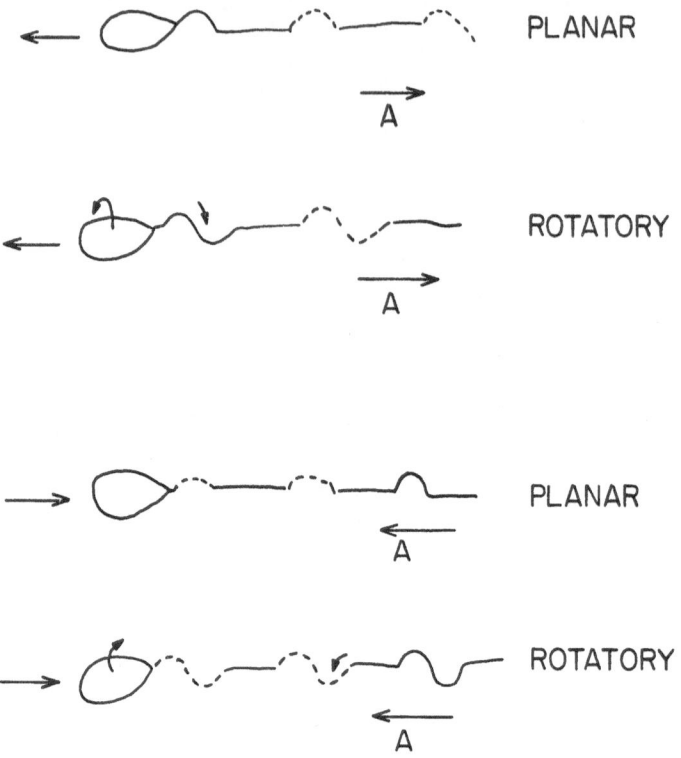

Fig. 16. Pulsillum vs. tractellum: Gray's hypothesis relating direction of wave to direction of motion, from Gray (1928). Above: Cell body leads flagellum (as in the sperm tail). Upper figure-Waves of distortion are planar and move back from basal body toward tip. Resultant force is in direction A, causing cell movement as indicated by forward arrow. Lower figure-Waves are helical and head rotates with forward progression. Cell movement in identical direction. Below: Cell body follows flagellum. Waves of distortion originate at the tip and move down the shaft toward the basal body. Upper figure—Two-dimensional waves; Lower figure—Rotatory motion with helical waves. Movement reversed in both cases.

One difficulty with Lowndes' theory is the requirement that the flagellum rotate, at least when acting as a tractellum. Brown (1945) suggested that a spiral sheath might be present around such an axoneme, but no such sheath is generally found. On the other hand, the presence of helical waves in many protozoan flagella has been confirmed. The question of whether sperm flagella move in two or three dimensions with planar or helical waves has not definitely been settled (Rothschild 1961) although most workers favor the former interpretation in each instance. A second difficulty is that the theory provides only a tenuous explanation of why certain flagella are directed backwards while others are held sideways. Lowndes' proposed that this was determined by different relative head to tail size in different cells. A recent study by Brokaw

(1963 a) suggests another possibility. BROKAW has studied living *Polytoma* under dark field illumination and with high speed cine-equipment. He has found that normally the flagella of *Polytoma* are held at the side of the organism and undulatory motion from base to tip may be seen (Fig. 18 : left). This produces normal forward movement. In solutions containing calcium ions, however, the flagella extend straight forward and the identical undulations move the organisms backward (Fig. 18: right).

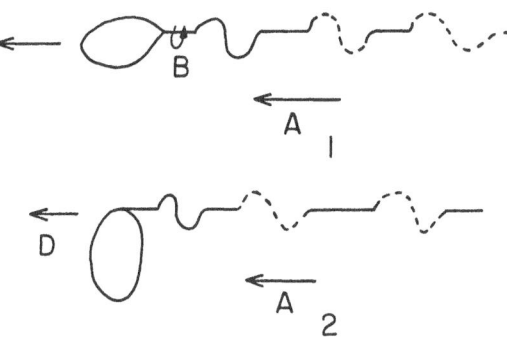

Fig. 17. Pulsillum vs. Tractellum: LOWNDES' hypothesis, from LOWNDES (1941). Above: Cell body leads flagellum. Flagellum held directly behind cell. Helical waves (B) originate at base of flagellum and progress outward toward tip. Resultant force is in direction A. Below: Apparent tractellum: cell body held perpendicular to flagellum. Helical waves *still originate at base*; resultant force is again in direction A. Motion of the flagellum is three-dimensional but general effect is propulsion of the cell in direction D.

The striking structural differences between sperm and flagellate that could also account for certain differences in motion occur, not in the shaft itself, but rather in the basal anchoring apparatus. The basal end of the sperm tail by comparison with the flagellate basal body is rather loosely held. Sperm cell tails often have no true basal plate or anchoring rootlets, although there may sometimes be structures fastening the axoneme to the cell membrane, and at times there are stiffening devices extending a greater length along the axoneme proper. Most flagellate flagella and cilia are firmly anchored (cf. FAWCETT and PORTER 1954, PITELKA 1963). An interesting case in point is *Phialidium* (SZOLOSSI 1964), whose ciliated testicular epithelial cells have characteristic striated rootlets while its sperm cells normally have only membrane anchorage. In this regard, the protozoan tractellum is perhaps closer to a cilium than is a sperm tail.

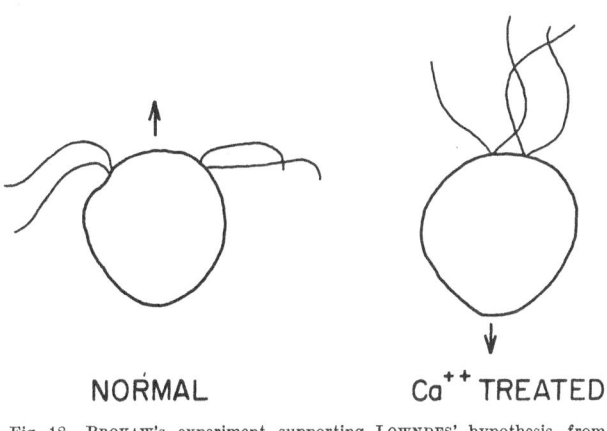

NORMAL   Ca⁺⁺ TREATED

Fig. 18. BROKAW's experiment supporting LOWNDES' hypothesis, from BROKAW (1963a). Left: Normal forward swimming movements of *Polytoma* with flagella held at side of organism. Right: On addition of calcium ion, flagellar position changes and correspondingly motion is reversed.

In certain cases distortions apparently can arise at the tips of cilia or flagella. In trypanosomes in oxalate media, according to JAHN *et al.* (1963) swimming occurs with the flagella held forward. These flagella beat with a planar sine wave of increasing amplitude which on analysis of high speed motion pictures can be seen to begin at the tip of the free flagellum and move toward the undulating membrane. A basally-directed wave also occurs in *Mastigameba*.

When motion picture frames like those of Figure 15 are projected, the cells appear to rock. If the frames are stabilized using an internal reference within the cells (circles, Fig. 15) the result is as shown in Figure 19. During the effective stroke, the distortion seems to originate as a hinge from the tip of the cilium, much in the manner predicted by Gray.

Jahn et al. (1964) have described an unusual case of a forward directed flagellum in *Ochromonas* where a previously unsuspected mechanism may play

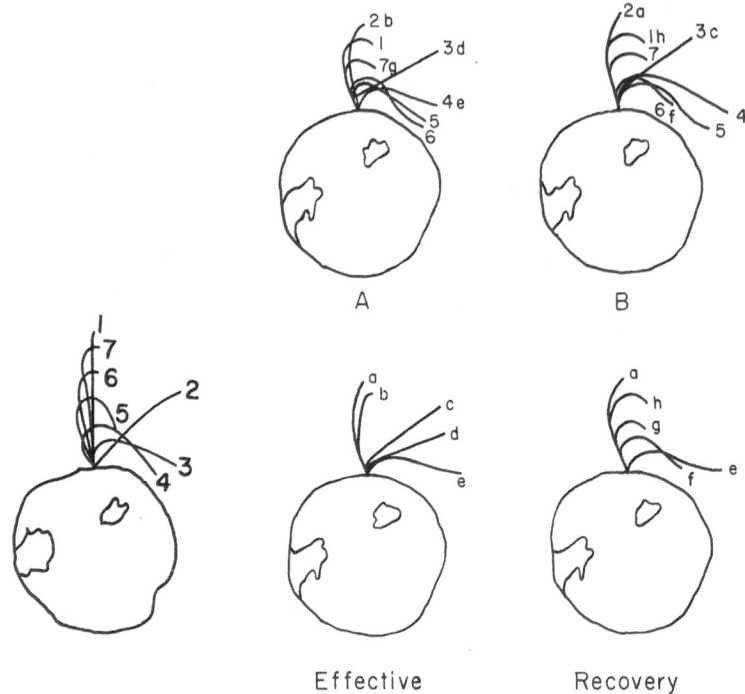

Fig. 19. Left: Form of ciliary beat, modified from Sleigh (1960). Frames 2—8 of Fig. 15 correspond to stroke positions diagrammed here. Note especially the form of the effective stroke. According to Sleigh's hypothesis distortion arising at base of stiff cilium produces this stroke form (position 2). As distortion moves upward, recovery stroke is produced. Motion of cell body during beat is disregarded. Right: Above—A and B—Tracings from Fig. 15 with cell body stabilized. Fixed points in tracings are enclosed in circles in frame 1, Fig. 15. Numbers correspond to frame numbers of Fig. 15, letters correspond to construction of stroke in forms below. Frame 3 (positions c and d) corresponds in form to Sleigh's position 2. However, the distortion is well above the base and appears to move toward the base in frame 4 (position e). Below—A reconstruction of effective (a—e) and recovery (e—h) strokes from the tracings above. During recovery distortion moves base to tip as expected, but apparently motion is tip to base in effective stroke.

a part in movement. In *Ochromonas* waves originate at the base of the flagellum and progress distally, but the flagellum is a tractellum, not a pulsillum. Lateral displacement of the flagellum as Lowndes' theory would require apparently does not occur. Instead, reversal is obtained by the presence on the flagellum of numerous thin hairs, the mastigonemes. Mastigonemes are a common feature of certain algal and other flagella (Manton 1952). They may play a role in movement in these forms too.

It would seem probable from the foregoing that the exact form of flagellar or ciliary motion is determined by the physical or ionic environment the organelle finds itself in, and only on occasion by modifications of the ultrastructure of the shaft itself. As more species with flagellar movement become known through high speed cinemicrographs, such as those of JAHN, it becomes apparent that helical and planar waves both occur, and that motion can proceed base to tip or tip to base. Perhaps this is a return to the proposals of GRAY. To accommodate these facts, mechanisms of shaft motility (function of the $9+2$ axoneme) must be adirectional and capable, in flagellates at least, of generating either planar or three-dimensional beat.

Morphogenesis

Recently a number of workers have directed their attention to studies of growth or regeneration of cilia and ciliary derivatives. No completely unified picture of ciliary morphogenesis has come out of these studies; instead it appears

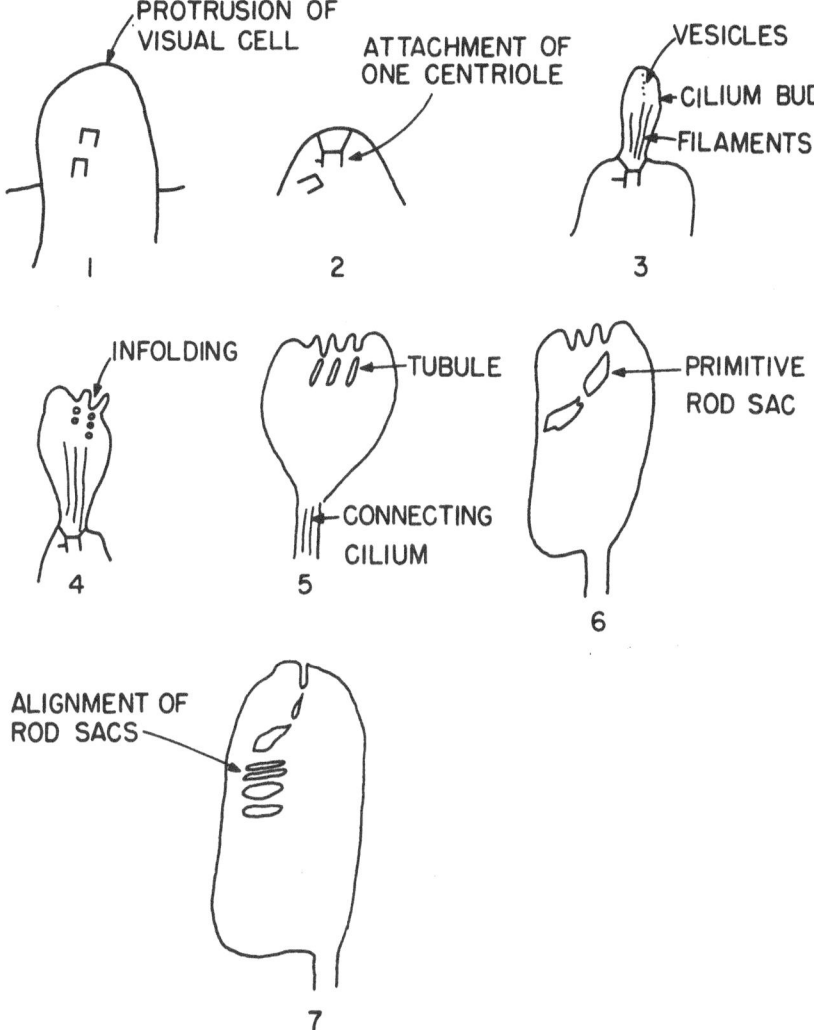

Fig. 20. Morphogenesis of vertebrate rod after TOKUYASU and YAMADA (1959). Upon attachment of a centriole to the cell membrane a ciliary bud appears. Filaments form within this exterior bud which lengthens and assumes its final form. Pictures 1—3 are general for this type of ciliogenesis. Pictures 4—7 show the formation of the rod sacs of the outer segment from the cell membrane and do not apply to normal motile cilia.

that there are a number of different pathways along which a cilium can develop. The common features are these:

(1) Ciliary morphogenesis requires previous or simultaneous centriolar morphogenesis; that is, morphogenesis is dependent upon the presence or simultaneous synthesis of a centriole to act as a basal body.

(2) Filament morphogenesis takes place within the cytoplasmic matrix.

(3) Smooth membrane bound elements, either from the Golgi zone or cell membrane, are involved in the growth of the organelle.

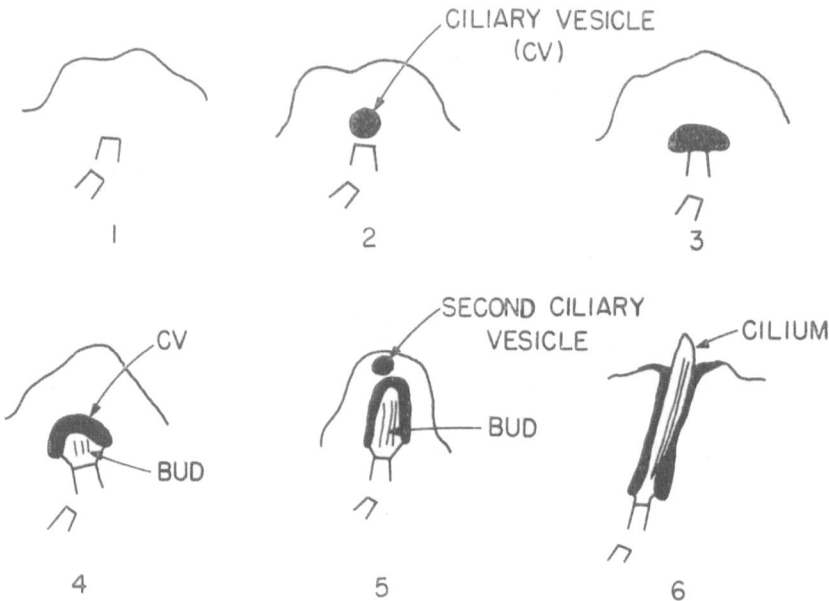

Fig. 21. Morphogenesis of fibroblast cilia after Sorokin (1962). Ciliogenesis takes place above a centriole in an interior well that eventually fuses with the cell membrane to expose the completed cilium to the exterior.

Three of the pathways by which morphogenesis is thought to occur are presented below. These have been described by ordering more or less randomly taken electron micrographs into a plausible time sequence of events. Statistical or physiological evidence to support any of these sequences is as yet limited.

I. Morphogenesis of the rod (Tokuyasu and Yamada 1959) and related cases (Sotelo and Trujillo-Cenoz 1958; Roth and Shigenaka 1964):

Into this general category fall those cases in which filamentogenesis occurs within a cilium bud (Fig. 20, stage 3) external to the cell proper, above a fixed centriole. The cell membrane becomes the ciliary membrane directly. Centrioles are present prior to ciliary differentiation and they attach to the cell membrane (stage 2) in order to act as basal bodies before bud formation begins. The best documented example of this type is that of the presumptive rod cell, which is illustrated in Fig. 20, but normal 9 + 2 cilia are known to develop in this manner. In the rod the later stages are concerned with the formation of sacs from the infolding membrane and are not typical.

In *Diplodinium* ROTH and SHIGENAKA have postulated the following sequence of morphogenic events:

(a) synthesis of filament protein,

(b) aggregation of molecules in filaments of circular cross-section (similar in appearance to mature cilium tips),

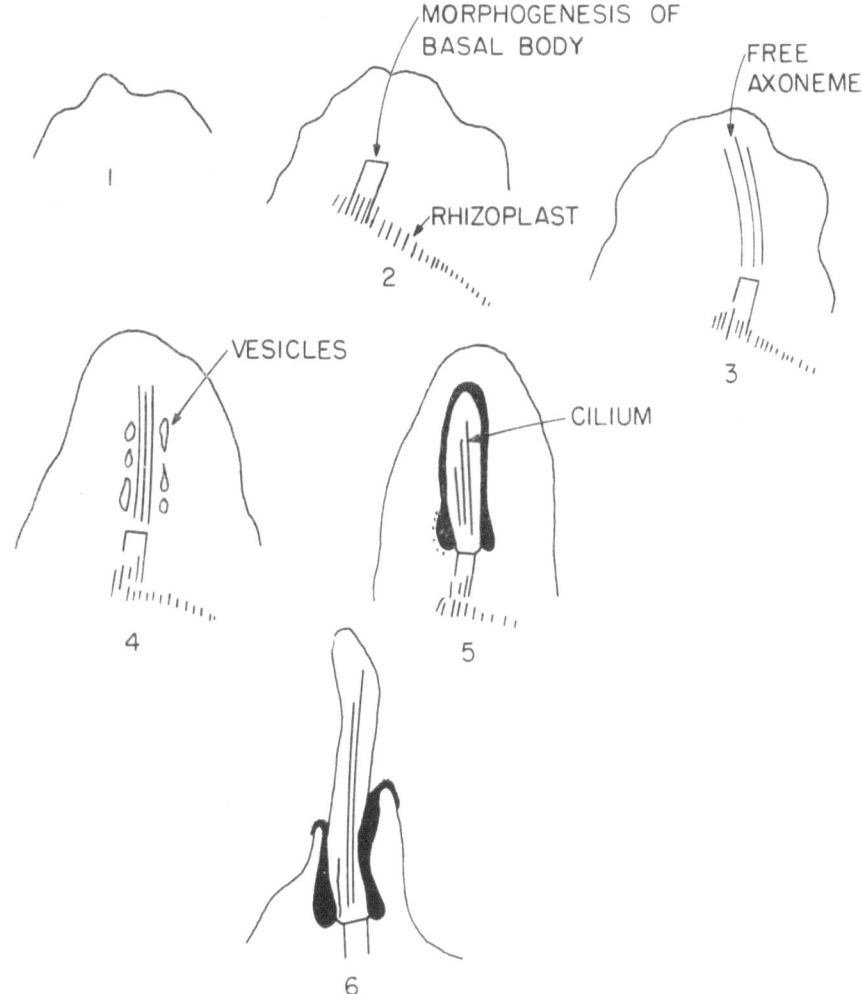

Fig. 22. Morphogenesis of flagella in *Naegleria*. The ameboid form (schematized in diagram 1) has no centriole. Centriole (= basal body) morphogenesis begins after the amebae are transferred to distilled water (diagram 2). The axoneme forms free in the cytoplasm (diagram 3). Finally, the axoneme is surrounded by vesicles (diagram 4) that fuse to produce the flagellar membrane (diagram 5). Externalization is accomplished in a manner similar to that depicted in Fig. 21.

(c) further aggregation to form doublets and,

(d) arrangement of the filaments to form the typical filament grouping.

The latter three stages presumably occur within the external forming cilium bud.

II. Internal morphogenesis with vesicles (SOROKIN 1962, RENAUD and SWIFT 1964).

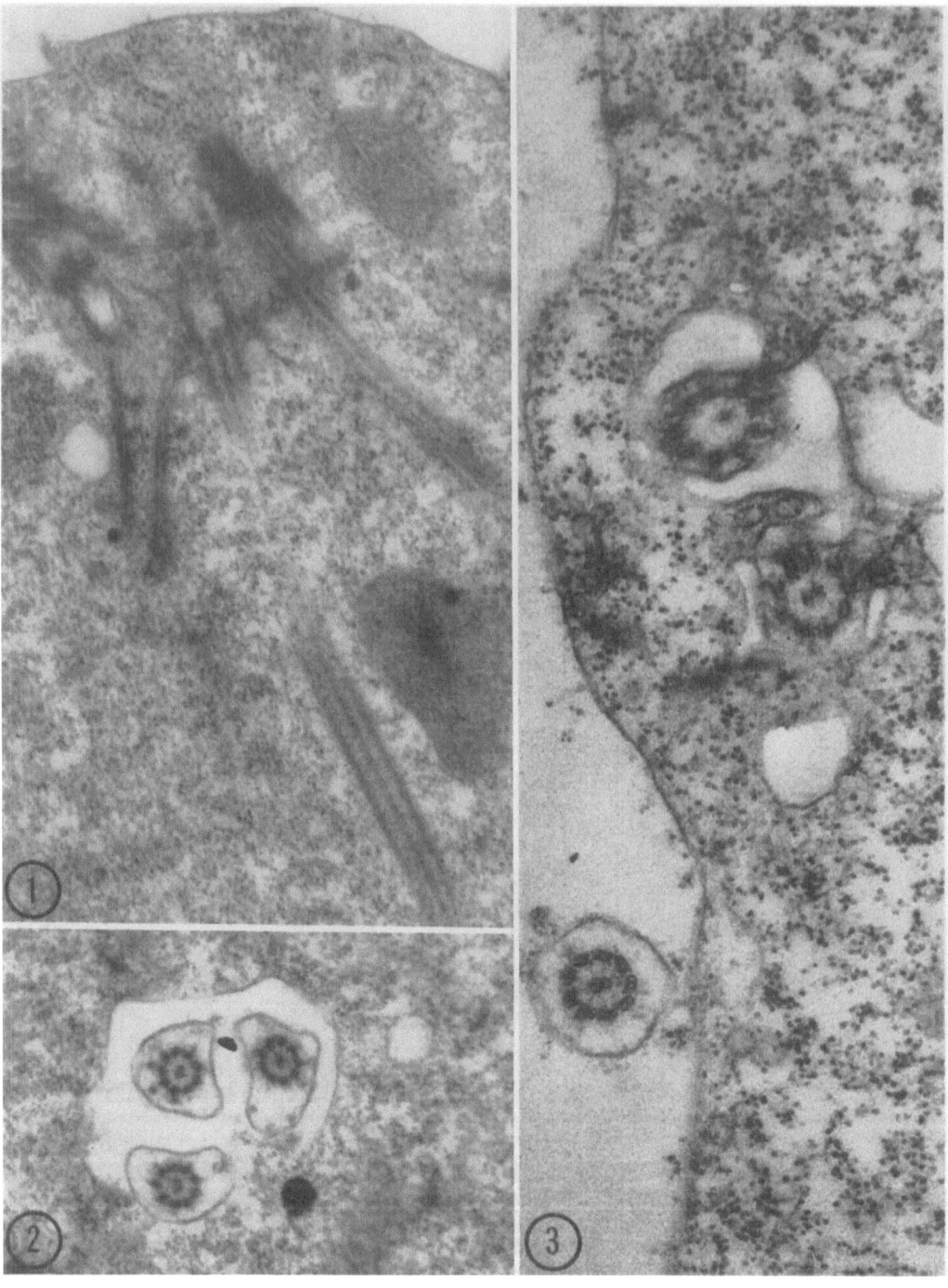

Fig. 23. Morphogenesis of flagella in *Naegleria*. Electron micrographs of flagellating population: 1. Axoneme in cytoplasm. Note absence of flagellar membrane and basal bodies. 32,000×. 2. Completed flagella in well, presumably prior to externalization. 24,000×. 3. Formation of the well and ciliary membrane by vesicle fusion around axoneme. A flagellum that is now external is also seen. 54,000×.

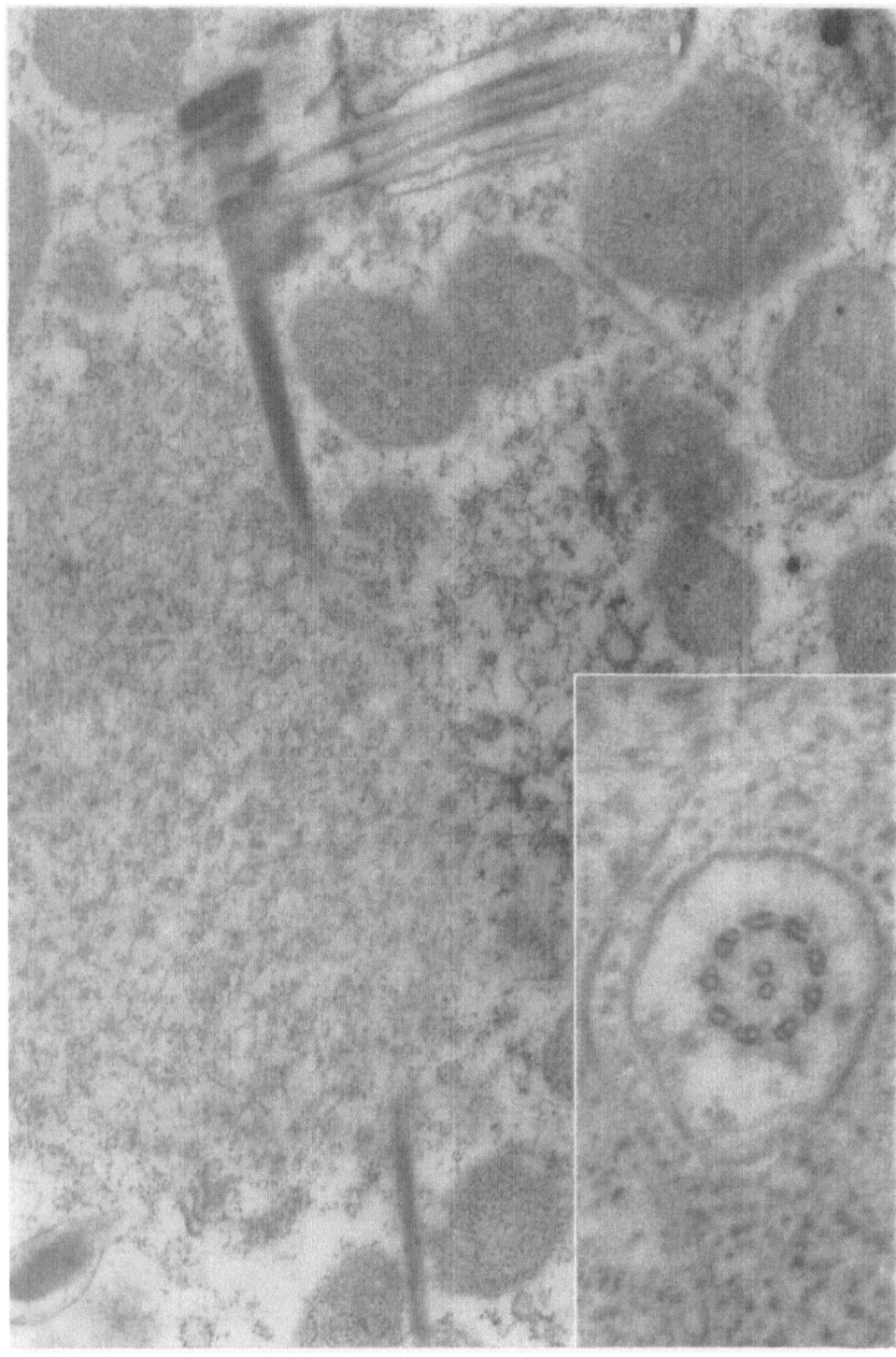

Fig. 24. Morphogenesis of flagella in *Naegleria*. Completed flagellum just before externalization. The long striated rhizoplast is shown. Above the rhizoplast are the filaments of the basal body that extend onward to form the peripheral axonemal filaments. Vesicle fusion is coating the axoneme with a membrane. 31,000×. Insert shows the 9 + 2 arrangement of the flagellar filaments. The absence of a well around the flagellum may be explained if the section passes through the edge of an area of vesicular fusion. 96,000×.

In this case too, as illustrated in Fig. 21, centrioles are already present (stage 1) but these become associated with a series of vesicles (stages 2 + 3) instead of with the cell membrane directly. Differentiation is internal since filamentogenesis proceeds from the centriole and occurs in a bud region in a well between

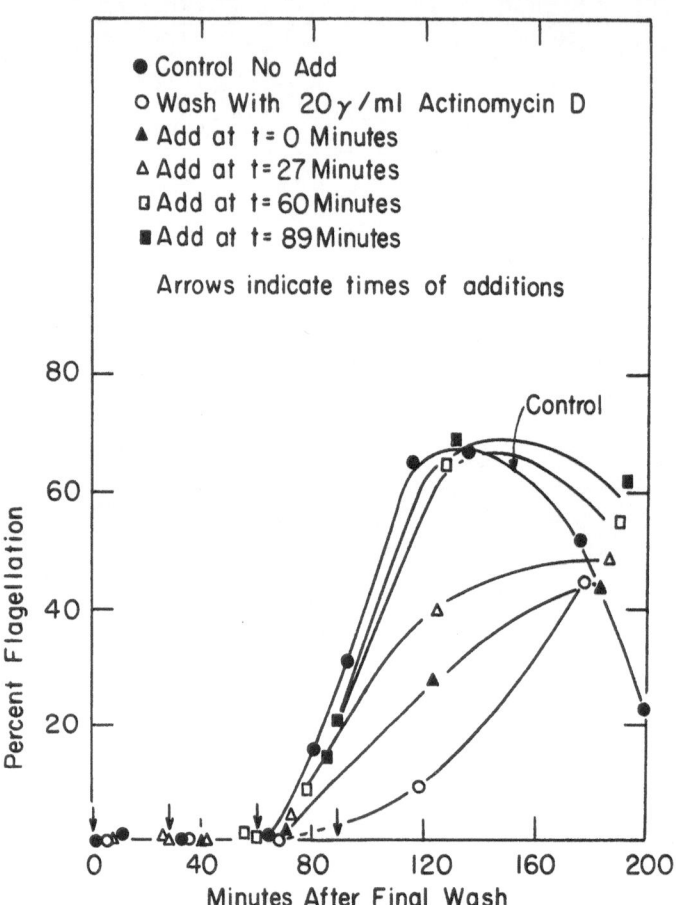

Fig. 25. Kinetics of *Naegleria* flagellation and the effect of actinomycin D on rate of flagellation from Dashe, Sutton and Satir (unpubl.). Culture grown to induce flagellation is washed twice to remove bacteria and resuspended in distilled water. Within an hour flagellation begins and proceeds until about 70% of the population is flagellated. The percentage remains at this level for another hour and then declines as the *Naegleria* revert to ameboid form. If the culture is washed with actinomycin D (20 µg/ml) or if actinomycin D is added during the early part of the lag period after washing but before first flagellation, there is a noticeable delay in the rate of flagellation and some suggestion of a lower stationary level of flagellated population. The delay is inversely proportional to the time of addition until the first flagellates appear at which time the kinetics become identical to those of the control. No further change occurs with later addition (89 mins). Because of the well known effects of actinomycin D on gene-controlled synthetic processes, these data suggest a nuclear control of *Naegleria* flagellation.

centriole and vesicle cap (stage 4). Secondary vesicles form and fuse with the primary cap (stage 5). Finally, the vesicles fuse with the external cell membrane, liberating the completed cilium. Both 9 + 0 and 9 + 2 organelles can be generated by this process.

III. Internal morphogenesis with later membrane formation (Manton 1959b; Satir unpubl.): Illustrated in Figures 22 through 24.

Here, centrioles may not be previously present (SCHUSTER 1963) but they are probably synthesized shortly after the cell is stimulated to flagellate. The ciliary axoneme differentiates naked within the cytoplasmic matrix (Fig. 23). Only later does it become coated with vesicles that fuse to form the ciliary membrane. Further fusion (as in II) brings the organelle to the exterior.

Morphogenesis is under certain cellular controls. This can particularly be seen in studies of regenerating cilia or flagella such as those of DUBNAU (1961) on *Ochromonas*. Following amputation of its flagella, *Ochromonas* grows new flagella after a short lag period. At the onset of regeneration the rate of flagellar growth is maximal and it continuously decelerates until the flagella reach the control size of 10 μ about 5 hours after amputation. The lag, the rate of growth and maximum size achieved by the regenerating shafts normally occur within consistent well defined limits, suggesting a feedback control of the regeneration process. In addition DUBNAU finds that a variety of experiments with metabolic analogs strongly suggest that at least some protein synthesis occurs during flagella regeneration.

The amoeboflagellate *Naegleria gruberi* also presents a very favorable material on which to investigate ciliary morphogenesis. WILLMER (1961) has defined conditions for the flagellation of the normally ameboid cells. The kinetics of normal growth (DASHE, SUTTON and SATIR unpubl.) and the effect of 20 μg/ml actinomycin D on the flagellation of a culture are shown in Figure 25. These and similar results indicate some nuclear control of the initiation of morphogenesis.

Claims have been advanced with other systems (RANDALL 1959, SEAMAN 1960) that basal bodies contain DNA, but the data are not entirely convincing as yet.

The finding of 'somatic' variations of the 9 + 2 pattern such as reported by SATIR (1962 b) and by AFZELIUS (1963) indicates that the ultimate site of assembly (after prior synthesis of macromolecular units) is under regional, rather than nuclear, control.

Theories of Axonemal Function

The distinction between 9 + 0 and 9 + 2 organelles has given rise to one of the two widely discussed notions of the functions of the parts of the axoneme. INOUÉ (1959) was the first to suggest that the central pair was necessary for motility, and that the 9 + 0 organelles did not move. Such a suggestion supported the idea that the central pair was "involved" in the contractile process (SATIR 1961 a). The exact role of the other ciliary components: peripheral filaments, the ciliary matrix material and the membrane—in the contractile process usually has not been delineated by proponents of the INOUÉ idea. One notion is that the peripheral filaments and matrix are also involved in the contraction process proper, perhaps coupled to the central fulcrum in a mechanism whereby sliding of some peripherals with respect to others could be achieved. The membrane is perhaps involved in coordination of the shape changes during motion (SATIR 1961 a).

The contrasting theory, first proposed by BRADFIELD (1955), assumes that the central pair is involved in coordination (conduction) and that this sparks contraction of the peripheral filaments. BRADFIELD further assumes that, "(1) The nine outer fibres are capable of propagating localized contractions. (2) The two central fibres are not contractile, but are specialized for more rapid conduction . . . (3) The stiffness of the cilium . . . depends on the fluid pressure inside it . . . (4) The impulses producing contraction arise rhythmically at a point in the basal corpuscle . . . directly beneath one of the nine outer fibres and each impulse travels round the other eight fibres and then dies out. (5) Contraction (or relaxation) of each fibre involves interaction between its contractile protein and some energy-rich small molecule; the latter is destroyed in the process and regenerated by the mitochondria . . ." If we adopt Bradfield's numbering system and assume with him that filament 1 is at the leading edge during the effective stroke, then the ciliary beat might be explained as follows: an impulse arises under filament 1 at the beginning of the effective stroke, fires off a propagated contraction up that fiber and starts to spread in both directions around the cilium. The central pair (filaments 10 and 11) picks up the impulse and conducts it rapidly to the upper parts of the ciliary shaft, stiffening the leading edge. Fibers 4, 7, 5, and 6 are unaffected during this process since they are in the process of relaxation and hence refractory. When they complete their relaxation, they are in turn fired off by the impulse that is still spreading around the basal body and the recovery stroke commences. No rapid conduction by the central pair takes place during this stage so that its curving form differs from the form of the stiff effective stroke. By the end of the recovery stroke, the impulse dies out; a new impulse arises under fiber 1 and the process is repeated.

Only now do we begin to be in a position where these hypotheses become accessible to experimental test. As cited above, the interaction of ATP and ciliary proteins of the axoneme alone is well established and an intact cell or ciliary membrane is not essential for motility. Accordingly, internal fluid pressure as ordinarily understood cannot be wholly responsible for the effective vs. recovery stroke, nor can the sequence of shape changes progressing up the shaft be wholly coordinated by membrane depolarizations. Gibbons (1961a) has pointed out that it is filaments 5 and 6 that occupy the leading edge of *Anodonta* lateral cilia in the effective stroke. Such cases necessitate some revision in the body of Bradfield's explanation. Neither proposal accounts for motile 9 + 1 or especially 9 + 0 derivatives (Table 2), but these may prove to be special cases with altered forms of motility. However, a recent study by Randall et al. confirms the general logic of Inoué's proposal although it does not rule out any part of Bradfield's hypothesis per se. Randall et al. (1964) have reported on a single gene mutant of *Chlamydomonas*. The mutant, induced in the presence of proflavin, has impaired motility while the controls are normal. When seen with the electron microscope, the most striking change in shaft appearance is the lack of the central pair. Of course, other more subtle changes may also be present. The four members of a tetrad resulting from a cross between wild type and mutant segregate 2 : 2 with respect to motility in accord with single gene control of the trait. Clones grown from motile members of the tetrad have flagella with normal structure; those from the non-motile members inherit the structural abnormality of the shaft. The material for the central pair appears to be synthesized in the form of small fibrils in the mutant; the abnormality is possibly in assembly of these units. Aside from this work, the central questions of filament, membrane, and matrix function remain largely unanswered. Some further experimental approaches to these questions will now be considered.

a) Conduction and Metachronism

Like contraction, in the sense of muscle contraction, impulse conduction, in the sense of nerve conduction, is in need of some redefinition when attempts are made to apply the concept to ciliary movement. BRADFIELD apparently views the conductions as a progressive change of ionic charge distribution along the filaments. The alternative hypothesis considers the membranes around the cilium and the nerve cell as functionally homologous, that is, capable of transmitting propagated depolarizations. The experimental evidence is still equivocal, although as we have already noted in its broadest implications the membrane hypothesis cannot be correct. The possibility of regulation of beat form, frequency, direction, initiation, or coordination (metachronism) by membrane processes is not precluded by the results of studies of glycerinated models. Metachronism is sometimes preserved in mussel gill epithelia after short treatments in glycerine (CHILD and TAMM 1963). However, these preparations have not yet been subjected to ultrastructural studies.

The Japanese school of workers led by KINOSITA has been relatively successful in demonstrating a link between metachronism and membrane depolarization in certain protozoa. In *Opalina*, KINOSITA (1954) and others have observed a membrane potential upon insertion of microelectrodes. NAITOH (1958) has suggested that this membrane potential can be attributed to a diffusion potential of potassium ions and is essentially similar to the membrane potentials of muscle and nerve. KINOSITA demonstrated that changes in the value of the membrane potential could be correlated with changes in the beating *direction* of cilia on the cell. KOKINA (1960) has essentially confirmed these results, and has shown that rhythmic changes in potential occur with a period of several seconds in KCl. The correlation with direction of beat is curious and seems to be related to the phenomenon of ciliary reversal. A theoretical explanation has been attempted by JAHN (1961), who assumes that depolarization of the membrane causes ciliary reversal while hyperpolarization causes activation in a normal direction.

KINOSITA determined the direction of cilia *beat* in *Opalina* by measuring the angle of progression of the *metachronal waves*. There is a murky if irrevocable connection between direction of ciliary beat and direction of metachronism. KNIGHT-JONES (1954) has summarized the possibilities and the known epithelia that illustrate them. The two clear alternatives for a field of cilia are metachronism perpendicular to beat, diaplectic metachronism, or metachronism parallel to beat, orthoplectic metachronism. How these alternatives are established and how they are convertible naturally or experimentally, is unknown. Proponents of a mechanical theory of metachronism, as opposed to a neuroidal theory (of whatever sort), might suggest that density and arrangement of cilia play the deciding role. SLEIGH has produced evidence that mechanical coordination probably occurs in orthoplectic metachronism of cilia in *Opalina* and *Paramecium*, coupling being achieved through viscous drag. Compound cilia with diaplectic metachronism, particularly *Stentor* membranelles, appear independent of mechanical factors as viscosity and metachronism is probably neuroidal.

The measurable parameter that connects beat to metachronism in a consistent fashion from organism to organism is frequency, since the propagation of shape changes up the cilium is responsible for the apparent propagation of the metachronal waves. In *Elliptio*, using micropipettes, Satir and Miller (1961) have recorded a membrane potential from the gill epithelia of about 10 millivolts. In addition, oscillations were recorded, often of the same frequency as the meta-chronal wave. One of our records in shown in Figure 26. The signs of a successful puncture (upper trace) are unmistakable. As the pipette tip is advanced the oscillo-graph trace suddenly moves in a more negative direction and simultaneously the oscillations appear. The middle trace is a typical record of such oscillations; the deflections are 3–4 millivolts; the frequency is 15 beats/second (the lower trace shows a time marker: 100/sec). The frequency of beat of the lateral cilia

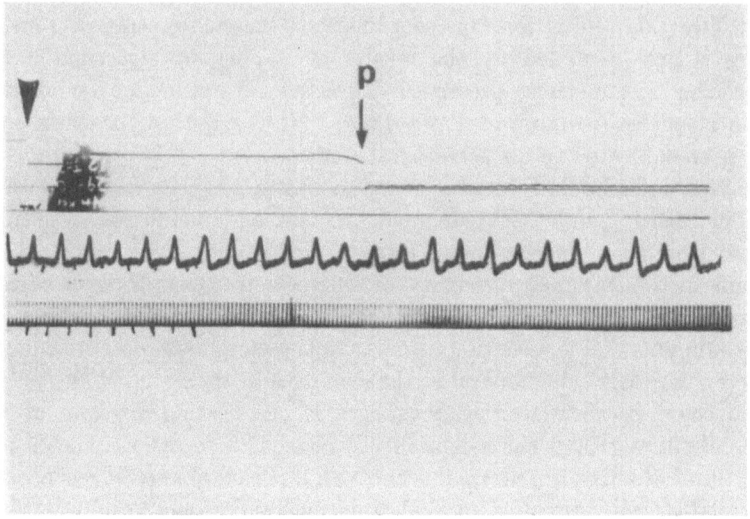

Fig. 26. Oscilloscope recordings from gill epithelium. The upper record shows a four millivolt calibration (large arrow head) followed by a record of the result of lowering the micropipette onto the gill. A sharp change in potential is observed (p) followed by oscillations. Similar oscillations are shown in the middle record. The frequency of these oscillations is measured by comparing this middle record to the time trace (100/sec) shown in the lower record. The frequency corresponds to that of the metachronal wave.

of similar gill preparations ranged from 10–25, averaging 17 beats per second. However, the tip of the pipette could not be located with sufficient precision to insure that the records of Figure 26 are taken from the lateral cells.

Moreover, oscillations in potential (and similar looking-records) can be obtained by placing the micropipette in contact with a piezoelectric ceramic. Rhythmic mechanical distortion of the pipette can account for the rhythmic potential changes. This disquieting observation reminds the observer that on a macromolecular level mechanical distortions and ionic movements may be synonymous. Does this mean that in the end all metachronism will have both a neuroidal *and* a mechanical basis? or that in a structure as small as a cilium it may not be possible to localize ion distribution changes as purely membrane or filament based?

b) Fixation of the Metachronal Wave

If the membrane has proved recalcitrant to the probes of the physiologist and the model-maker, until recently, the filaments have proved even more so. Even the work of Randall *et al.* (1964) discussed above provides little information on the mechanism of motion. We are just beginning to see the way that the function of the filaments can be attacked. The problem is to catch them in the act, so to speak; that is, to examine the fine structure of the cilium while it is beating.

v. GELEI (1926–27) was the first to suggest the method by which this difficult feat might be accomplished and PÁRDUCZ (1953, 1958) has been most successful in its application to studies of the ciliary beat on a light microscope level. The method is fixation of the metachronal wave. GRAY (1930) has shown that the metachronal wave may be looked upon as a series of ciliary beat stages where

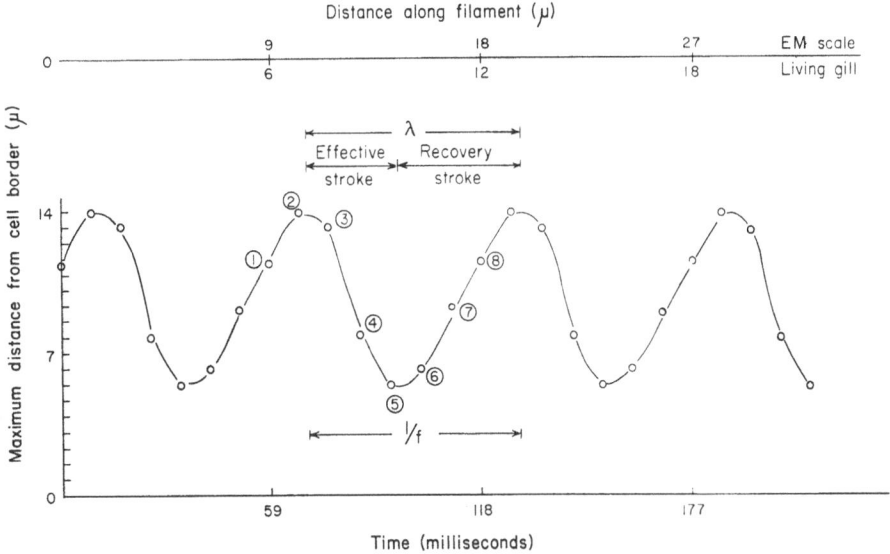

Fig. 27. Construct of the envelope of the metachronal wave from stages of ciliary beat. Lower abscissa plots time in milliseconds for stages of Fig. 15 to occur during normal beat of gill cilia (based on frequency of beat of 17 per second). Ordinate plots maximum distance from cell border (μ) of the cilia in each stage. The result is the segment of the curve shown (circle 1—circle 8) that is repeated each time the cilium beats. The same curve is generated at any instant by the cilia along the gill filament (upper abscissa) beating with metachronal rhythm. A wavelength (λ) is demarcated on the curve and apportioned between effective and recovery strokes. See SATIR (1963).

distance is exchanged for time, so that one wavelength shows the sequence of changes from cilium to cilium that characterizies the ciliary beat as seen in a sequence of frames of a motion picture of a single cilium. This is illustrated for *Elliptio* lateral cilia in Figure 27. If the metachronal wave is preserved by rapid fixation, then the cilia are captured in all stages of their beat. With the electron microscope it becomes possible to examine the fine structure of the various ciliary components in different parts of the fixed metachronal wave.

The *Elliptio* gill is an ideal material for this work both because of the abundant lateral cilia with their easily observable diaplectic (laeoplectic) metachronism and because of the ease with which a control can be provided for electron microscope work. The control consists of lateral cilia that are not beating, and may be obtained simply by excising the gill from the animal. Reactivation of the cilia is obtained on addition of 0.04 M KCl. Figure 28 shows a light micrograph of the fixed, sectioned reactivated gill and of the control. Figure 29 shows a low power electron micrograph of the fixed metachronal wave.

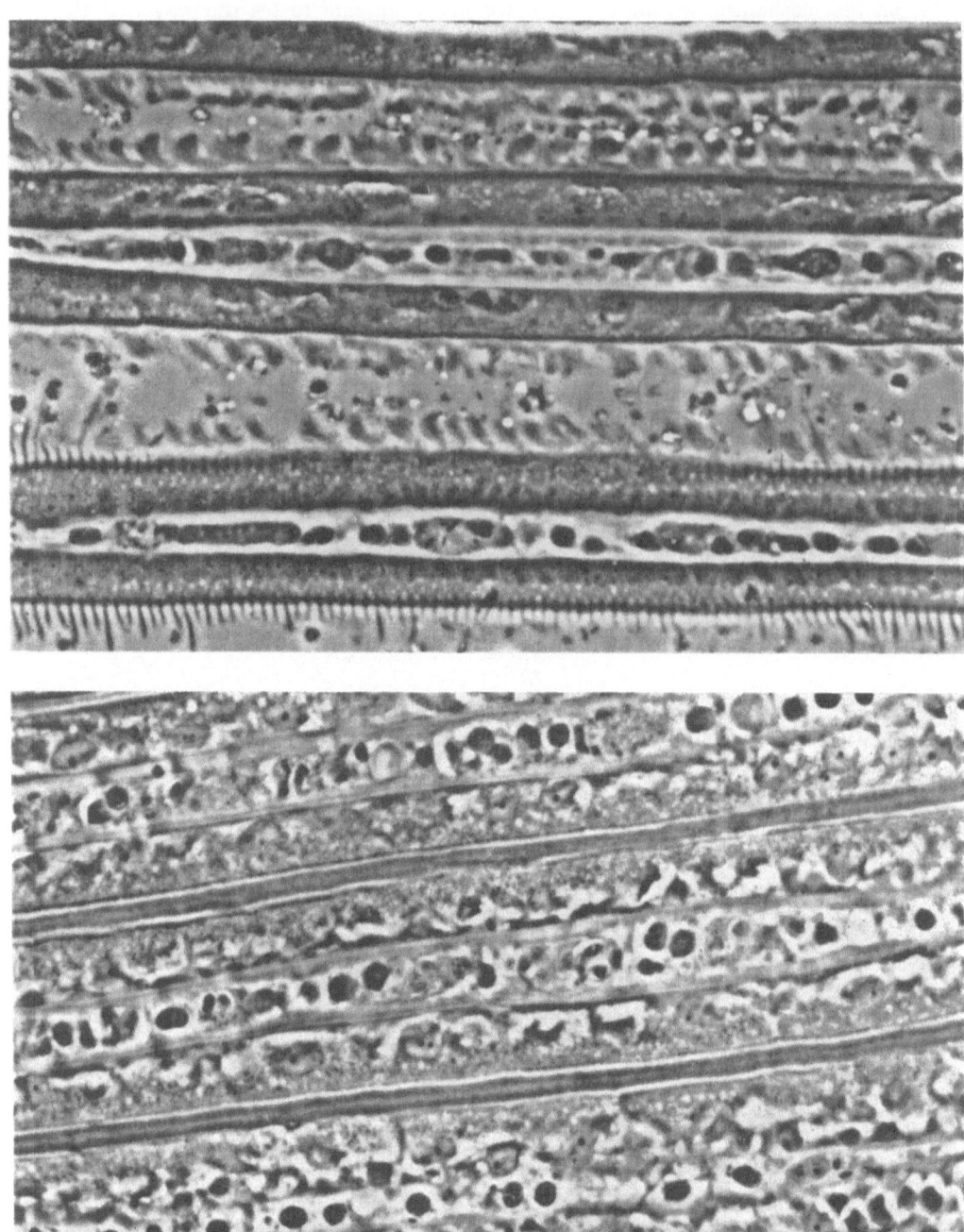

Fig. 28. Light micrographs of fixed potassium ion-activated *Elliptio* gill preparation (above) showing preservation of the metachronal wave vs. control, unactivated control (below). The grey masses in the lower picture are resolved into packed rows of ciliary cross-sections with the electron microsope. The cilia in the active preparation stand in different phases of beat in a relatively wide interspace between adjacent gill filaments. Magnification: 600 × in both micrographs.

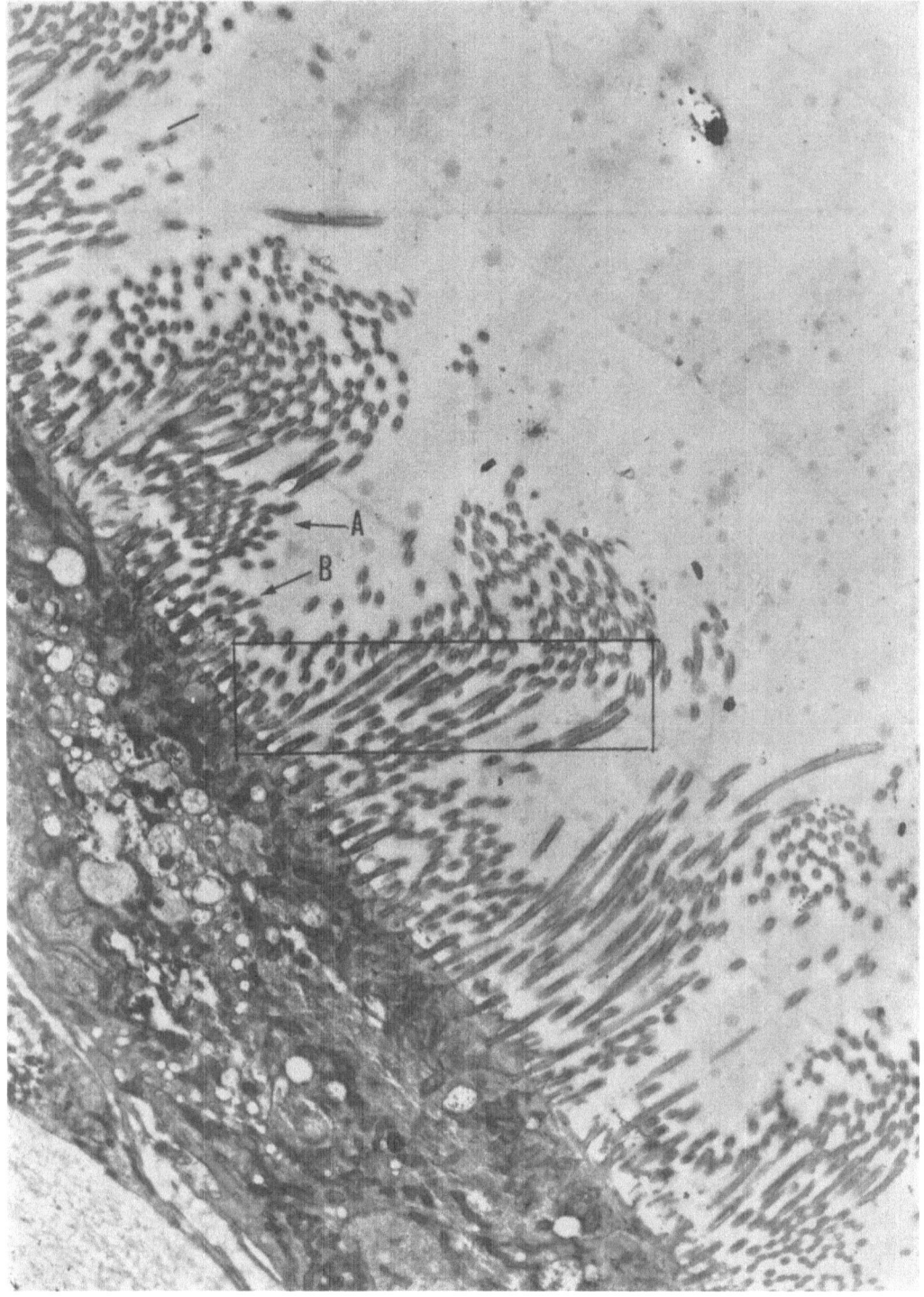

Fig. 29. Low power electron micrograph of fixed, activated preparation showing preservation of the metachronal wave. At A and B, cilia are sectioned in their effective stroke; in the rectangle, successive portions of the ciliary shaft are pulled through the plane of the section in the recovery stroke. With minor variation, this sort of stroke form is seen for 4 to 5 wavelengths. 6000×.

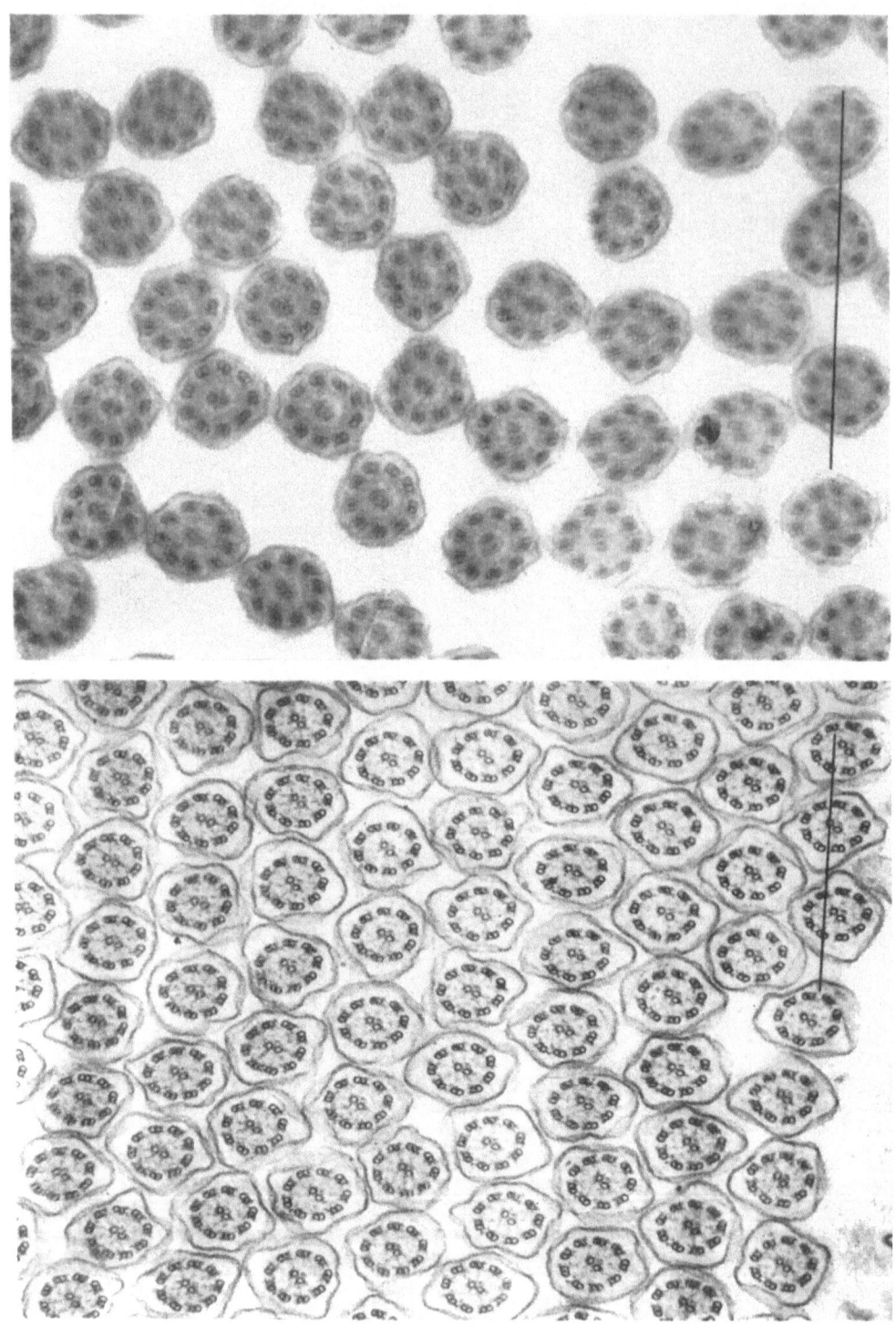

Fig. 30.

It has proved possible to analyze the fixed wave in the electron microscope by comparing it to the control (SATIR 1961 b, 1963). Three parameters have been defined: (1) density of packing of ciliary cross-section, (2) axis angles, and (3) percentage of the ciliary cross-section occupied by the axonemal structures. The first is judged to be a consequence of gross movements of the gill filaments themselves, but the latter two may prove significant in terms of fine structure changes accompanying motion. An example of the data for analysis is shown in Figure 30; the upper frame is the activated gill, the lower is the control. In the control the axis angle is essentially constant and the axoneme is relatively far away from the membrane, while in the activated preparation much greater variability in axis angle is seen even in the small sample of Figure 30 and the axoneme generally occupies a greater percentage of the cross-sectional area of the cilium. The control values are thought to be representative of an equilibrium position, not in itself characteristic of any single beat stage.

The change in axis angle in the activated preparation is taken to be an index of progress of the recovery stroke up the shaft of the cilium in the active preparation.

The axis is determined by the position of the central pair of filaments, the bridge and the mid-point of filament number one. If the axis changes position during the recovery stroke then either the central pair must move with respect to the peripheral filaments and the bridge must migrate, or the entire axoneme must revolve. Although the peripheral filaments are anchored at the basal body and can be demonstrated to run straight in the active preparations for long lengths, some subtle shifting cannot be precluded. On the other hand, some evidence of the systematic migration of the bridge can be adduced (SATIR 1961 b). This would support the hypothesis that the central pair moves with respect to the peripheral filaments.

Upon studying the mode of termination of the filaments in simplifying tips of control and active preparations, SATIR (1964) found that the longer filaments were always at the bottom of the cross-section (nearest the cell), even though these filaments were not expected to be identical in cilia in widely differing stroke positions (opposite pointing tips). In simple models of ciliary movement involving filament contraction, the filaments nearest the cell should be shorter, if any are. Such models were not supported. On the contrary, the results did support a sliding-filament model in which no length change of the filaments occurs during movement. The question of bridge migration is important, however, because the filaments can be numbered only with the aid of the bridge as a distinguishing character. If the bridge is stable, the long filaments in effective-pointing lateral cilia of *Elliptio* are 3, 4, 5, 6, and 7, while in recovery-pointing controls they are 9, 1, 2, 3, and 4. The interpretation is more complicated if the bridge migrates.

The expansion of the sperm tails accompanying ATP hydrolysis, reported by TIBBS (1962) substantially supports the electron microscope results regarding axonemal swelling of the activated preparations. TIBBS has found that sperm tails which are actively splitting ATP are taking up water. When all enzymatic

Fig. 30. Electron micrographs of activated (above) vs. control (below) preparation. A line parallel to lateral cell surface is indicated on each micrograph. Three differences are apparent: 1. The regularity of packing of the control may be contrasted with the less regular appearance of the activated preparation. 2. The axes of the control cilia are in alignment (parallel to one another) while the axes of the activated cilia show much greater variation. 3. The axonemal filaments are further from the membrane in the control than in the activated preparation. The outer zone of the control is much greater. Activated preparation: 58,000×. Control: 50,000×.

sites are inhibited, the flagellar weight is a minimum and when all the sites are activated, flagellar weight is at a maximum. Tibbs interprets the weight increase in terms of volume expansion, swelling, of the entire spermatozoan. For the gill cilia, little or no increase in cross-sectional area of the cilium can be measured from inactive to active preparations although the axonemal area increases about 20% on the average (Satir 1961 b). The electron microscope work on the activated mussel gill suggests that it is primarily the volume of the inner zone (axoneme) and not of the entire shaft that increases as the flagellar weight rises.

The data do not support Harris' hypothesis (1961) of a distortion of pattern toward hexagonal packing during motion, since the 9 + 2 pattern is easily recognizable in all cross-sections. The axonemal swelling may increase turgor pressure inside the cilium and thus produce stiffening, but this can be only judged as an adjunct to normal motion (see above).

c) Mechanism of Motion—A Hypothesis

The following requirements for a hypothesis concerning the mechanism of ciliary motility stem from this discussion:

(a) The 9 + 2 axoneme alone must be responsible for the gross characteristics of motility; no external features may be invoked for either contractile or coordination (propagation) processes of the shaft.

(b) Contractile waves must be basically adirectional, that is they may move along the shaft either base to tip or vice versa.

(c) One general mechanism must account for both undulatory and flexural motion; one mechanism must account for helical and planar motion. (Features additional to the axoneme may allow modification of the form of motion.)

(d) 9 + 1 and 9 + 0 motile derivatives must be accounted for, or, alternatively, the importance of the central pair must be clarified.

(e) Differences in order of terminating filaments in tips in varying stroke positions must be explained; axis tilt and axonemal swelling should be accounted for.

It is perhaps in order to consider a bief summarizing hypothesis that embodies some information on the relation of fine structure to motion. This is based on the following postulates:

(1) During the recovery stroke, a wave of axonemal swelling is initiated at the basal end of the cilium by hydrolysis of ATP.

(2) The change in physical state within the axoneme allows repositioning of the axis of the cilium.

The effect of this repositioning is taken to be analogous to coiling a spring; without constraint, recoil is effected. Constraints preventing recoil are envisioned to be mechanical or chemical. An example of the former is anchoring by basal structures (kinetodesmal fibers, cortical viscosity, etc.); of the latter, hydrolysis of ATP at a neighboring site along the ciliary shaft. The filaments themselves would be structural, tensional elements of unchanging length. They would be bound by matrix and interfilament fibers. These latter elements would undergo the molecular distortion of contraction. The effect of contraction on the matrix would perhaps be akin to superprecipitation phenomena in actomyosin gels. The inner zone would swell or shrink during motion, appropriately stiffening or relaxing the shaft, while permitting certain filaments to slide past one another (repositioning) to produce the beat shape. The role of the membrane would be to maintain ionic and ATP distributions internally within the shaft. Membrane-bound transport of small molecules or even proteins might occur. Distributions of ions and small molecules could influence the frequency and efficiency of ciliary beat, and indirectly affect metachronism in ciliated epithelia.

Acknowledgements

It is a pleasure to acknowledge the able assistance of Mr. ROBERT MICHALAK and Miss NANCY MIELINIS in the preparation of material for this work. In addition to Miss MIELINIS, Mrs. JANET GRASSO, Mrs. PAMELA SMITH and Miss SANDRA PANEM assisted me by typing various portions of the manuscript. I am especially grateful to my wife for her encouragement and advice during the preparation of the manuscript.

This work was supported by a grant from the U. S. Public Health Service (GM 09732). Part of the work was done during the summer of 1963 at the Marine Biological Laboratory at Woods Hole, Mass.

References

ABRAM, D., and H. KOFFLER, 1964: *In vitro* formation of flagella-like filaments and other structures from flagellin. J. Mol. Biol. **9**, 168–185.

AFZELIUS, B., 1959: Electron microscopy of the sperm tail; results obtained with a new fixative. J. Biophys. Biochem. Cytology **5**, 269–278.

— 1961a: The fine structure of cilia from ctenophore swimming-plates. J. Biophys. Biochem. Cytology **9**, 383–394.

— 1961b: Some problems of ciliary structure and function. In: Biological Structure and Function (T. W. GOODWIN and O. LINDBERG eds.). Acad. Press, N.Y., Vol. II, p. 557–567.

— 1962: The contractile apparatus of some invertebrate muscles and spermatozoa. In: Electron Microscopy, Vol. 2, (S. S. BREESE Jr., ed). Acad. Press, N.Y., M-1.

— 1963: Cilia and flagella that do not conform to the 9 + 2 pattern. J. Ultrastruct. Res. **9**, 381–392.

ALEXANDROV, V. Y., and N. I. ARRONET, 1956: Motion caused by adenosine triphosphate in cilia of ciliated epithelia killed by glycerol extraction. Dokl. Acad. Nauk. SSSR **110**, 457–460.

ÅNBERG, A., 1957: The ultrastructure of the human spermatozoan. Acta obstet. gynec. Scand. **36**, Suppl. 2, 1–133.

ANDRÉ, J., 1961: Sur quelques détails nouvellement connus de l'ultrastructure des organites vibratiles. J. Ultrastruct. Res. **5**, 86–108.

ANDRÉ, J., and J. P. THIERY, 1963: Mise en évidence d'une sous-structure fibrillaire dans les filaments axonématiques des flagelles. J. Micro. **2**, 71—80.

ASTBURY, W. T., E. BEIGHTON and C. WEIBULL, 1955: The structure of bacterial flagella. Symp. Soc. Exper. Biol. **9**, 282–305.

AUBER, J., 1964: Mode de formation des myofibriles dans les muscles du vol de dipteres. In: Electron Microscopy 1964, Proc. 3rd Eur. Reg. Conf., Prague, Vol. B, p. 75–76.

BARNES, B. G., 1961: Ciliated secretory cells in the pars distalis of the mouse hypophysis. J. Ultrastruct. Res. **5**, 453–467.

BENNETT, H. S., 1959: Structure of muscle cells. In: Biophysical Science—A Study Program (J. L. ONCLEY ed.). Wiley, N.Y., 394–401.

Bishop, D. W., 1958: Motility of the sperm flagellum. Nature **182**, 1638–1640.
— (ed) 1962a: Spermatozoan motility. Amer. Assoc. Adv. Science. Wash. D. C. 313pp.
— 1962b: Sperm motility. Physiol. Rev. **42**, 1–59.
Bishop, D. W., and H. Hoffmann-Berling, 1959: Extracted mammalian sperm models. I. Preparation and reactivation with adenosine triphosphate. J. Cell. and Comp. Physiol. **53**, 445–466.
Bradfield, J. R. G., 1955: Fibre patterns in animal flagella and cilia. Symp. Soc. Exper. Biol. **9**, 306–334.
Brokaw, C. J., 1961: Movement and nucleoside polyphosphatase activity of isolated flagella from *Polytoma uvella*. Exper. Cell Res. **22**, 151–162.
— 1962: Studies on isolated flagella. In: Spermatozoan Motility, (D. W. Bishop ed). Amer. Assoc. Adv. Science. Wash., D. C., 269–278.
— 1963a: Movement of flagella of *Polytoma uvella*. J. Exper. Biol. **40**, 149–156.
— 1963b: Bending waves of the posterior flagellum of *Ceratium*. Science **142**, 1169–1170.
Brown, H. P., 1945: On the structure and mechanics of the protozoan flagellum. Ohio J. Science **45**, 247–301.
Burnasheva, S. A., 1958: Characteristics of spermosin, a contractile protein in sperm cells. Biokhimiya **23**, 558–563.

Child, F. M., 1959: The characterization of the cilia of *Tetrahymena pyriformis*. Exper. Cell Res. **18**, 258–267.
— 1961: Some aspects of the chemistry of cilia and flagella. Exper. Cell Res. Suppl. **8**, 47–53.
Child, F. M., and S. Tamm, 1963: Metachronal ciliary co-ordination in ATP-reactivated models of *Modiolus* gills. Biol. Bull. **125**, 373–374.
Cleland, K. W., and Lord Rothschild, 1959: The bandicoot spermatozoon: an electron microscope study of the tail. Proc. Roy. Soc. London **150 B**, 24–42.

Dahl, H., 1963: Rat cerebral cortex cilia. Z. Zellforsch. **60**, 369–386.
De Robertis, E., and A. V. Ferriera, 1957: Submicroscopic changes of the nerve endings in the adrenal medulla after stimulation of the splanchnic nerve. J. Biophys. Biochem. Cytology **3**, 611–614.
Dobell, C., 1958: Antony van Leeuwenhoek and his "little animals". Russell and Russell, N.Y., 435 pp. See especially p. 109ff.
Dubnau, D. A., 1961: The regeneration of flagella by *Ochromonas danica*. Thesis, Columbia Univ., N. Y.
Duncan, D., V. Williams, and R. Morales, 1963: Centrioles and cilia-like structures in spinal gray matter. Texas Reports on Biol. and Med. **21**, 185–187.

Eakin, R. M., 1963: Lines of evolution of photoreceptors. In: General Physiology of Cell Specialization (D. Mazia and A. Tyler eds.). McGraw Hill, N.Y. Chap. 21, 393–425.
Ebashi, S., and F. Lipmann, 1962: Adenosine triphosphate-linked concentration of calcium ions in a particulate fraction of rabbit muscle. J. Cell Biol. **14**, 389–400.
Engelhardt, V. A, 1946: Adenosinetriphosphatase properties of myosin. Adv. Enzymol. **6**, 147–191.
Engelmann, T. W., 1879: Physiologie der Protoplasma- und Flimmerbewegung, 2. Capitel. Die Flimmerbewegung. In: Handbuch der Physiologie (L. Hermann ed.). Leipzig, F. C. W. Vogel, Vol. 1, pt. 1, p. 380–408.

Fauré-Fremiet, E., 1961: Cils vibratiles et flagelles. Biol. Rev. **36**, 464–536.
Fawcett, D. W., 1958: The structure of the mammalian spermatozoon. Internat. Rev. Cytology **7**, 195–234.
— 1961: Cilia and flagella. In: The Cell, Vol. 2 (J. Brachet and A. E. Mirsky eds.). Acad. Press, N.Y., p. 217–298.
Fawcett, D. W., and K. R. Porter, 1954: A study of the fine structure of ciliated epithelia. J. Morphol. **94**, 221–281.

FILSHIE, B. K., and G. E. ROGERS, 1961: The fine structure of α keratin. J. Mol. Biol. **3**, 784–786.
FINCK, H., and H. HOLTZER, 1961: Attempts to detect myosin and actin in cilia and flagella. Exper. Cell Res. **23**, 251–257.

GELEI, J. VON, 1926–27: Eine neue Osmium-Toluidinmethode für Protistenforschung. Mikrokosmos **20**, 97–103.
GIBBONS, I. R., 1960: Observations on the structure of cilia and flagella. Proc. Eur. Reg. Conf. on Electron Microscopy, Delft, Vol. 2, 929–933.
— 1961a: The relationship between fine structure and beat in the gill cilia of a lamellibranch mollusc. J. Biophys. Biochem. Cytology **11**, 179–205.
— 1961b: Structural asymmetry in cilia and flagella. Nature **190**, 1128–1129.
— 1963a: A method for obtaining serial sections of known orientation from single spermatozoa. J. Cell Biol. **16**, 626–629.
— 1963b: Studies on the protein components of cilia from *Tetrahymena pyriformis*. Proc. Nat. Acad. Sciences **50**, 1002–1010.
GIBBONS, I. R., and A. V. GRIMSTONE, 1960: On flagellar structure in certain flagellates. J. Biophys. Biochem. Cytology **7**, 697–716.
GIBBS, S. P., R. A. LEWIN, and D. E. PHILPOTT, 1958: The fine structure of the flagellar apparatus of *Chlamydomonas moewusii*. Exper. Cell Res. **15**, 619–622.
GRAY, E. G., 1960: The fine structure of the insect ear. Phil. Trans. Roy. Soc. London **243 B**, 75–94.
GRAY, J., 1928: Ciliary movement. Cambridge University Press. 162 pp.
— 1930: The mechanism of ciliary movement. VI. Photographic and stroboscopic analysis of ciliary movement. Proc. Roy. Soc London **107 B**, 313–332.
— 1955: The movement of sea-urchin spermatozoa. J. Exper. Biol. **32**, 775–801.
— 1958: The movement of the spermatozoa of the bull. J. Exper. Biol. **35**, 96–108.
GRILLO, M. A., and S. L. PALAY, 1963: Ciliated Schwann cells in the autonomic nervous system of the adult rat. J. Cell Biol. **16**, 430–436.
GRIMSTONE, A. V., 1963: The fine structure of some polymastigote flagellates. Proc. Linn. Soc. London **174**, 49–52.

HARRIS, J. E., 1961: The mechanics of ciliary movement. In: The Cell and the Organism (J. A. RAMSAY and V. B. WIGGLESWORTH eds.). Cambridge Univ. Press. p. 22–36.
HENNEGUY, L. F., 1898: Sur les rapports des cils vibratiles avec les centrosomes. Arch. anat. micr. **1**, 482–496.
HILL, D. K., 1964: The location of adenine nucleotides in the striated muscle of the toad. J. Cell Biol. **20**, 435–445.
HOFFMANN-BERLING, H., 1955: Geißelmodelle und Adenosintriphosphat (ATP). Biochim. Biophys. Acta **16**, 146–154.
— 1959: The role of cell structures in cell movements. Society for the Study of Development and Growth, Symp. No. 17. Ronald-Press, N.Y., p. 45–62.
HUGHES, A., 1959: A history of cytology. Abelard-Schuman, N.Y., 158 pp.

INOUÉ, S., 1959: Motility of cilia and mechanism of mitosis. In: Biophysical Science— A Study Program (J. L. ONCLEY ed.). Wiley, N.Y., p. 402–408.

JAHN, T. L., 1961: The mechanism of ciliary movement. I. Ciliary reversal and activation by electric current. The Ludloff phenomenon in terms of core and volume conductors. J. Protozool. **8**, 369–380.
JAHN, T. L., and J. R. FONSECA, 1963: Mechanism of locomotion of flagellates: V. *Trypanosoma lewisi* and *T. cruzi*. J. Protozool. **10**, Suppl. Abstract No. 23, p. 11.
JAHN, T. L., M. D. LANDMAN, and J. R. FONSECA, 1964: The mechanism of locomotion of flagellates. II. Function of the mastigonemes of *Ochromonas*. J. Protozool. **11**, 291–296.
JONES, R. F., and R. A. LEWIN, 1960: The chemical nature of the flagella of *Chlamydomonas moewusii*. Exper. Cell Res. **19**, 408–410.

KERRIDGE, D., R. W. HORNE, and A. GLAUERT, 1962: Structural components of flagella from *Salmonella typhimurium*. J. Mol. Biol. **4**, 227–238.
KINOSITA, H., 1954: Electric potentials and ciliary response in *Opalina*. J. Fac. Sci. Imp. Univ. Tokyo **7**, 1–14.

Knight Jones, E. W., 1954: Relations between metachronism and the direction of ciliary beat in metazoa. Quart. J. Micro. Sci. **95**, 503–521.

Kokina, N. N., 1960: Ionic interrelations and the role of potassium in the rhythmic variations in the intracellular potential of Infusoria. Biophysics **5**, 159–168.

Lansing, A. I., and F. Lamy, 1961a: Fine structure of cilia of rotifers. J. Biophys. Biochem. Cytology **9**, 799–812.

— — 1961b: Localization of ATP-ase in rotifer cilia. J. Biophys. Biochem. Cytology **11**, 498–501.

Ledbetter, M. C., and K. R. Porter, 1963: A "microtubule" in plant cell fine structure. J. Cell Biol. **19**, 239–250.

Leeuwenhoek, A. van, 1677: Letter 18. Oct. 9, 1676 to H. Oldenberg (see also Dobell for full English translation). Phil. Trans. Roy. Soc. London **12**, No. 133, 821–831.

— 1679: Letter 22 to Viscount Brouncker, Nov. 1677. Phil. Trans. Roy. Soc. London **12**, No. 142, 1040–1043.

Lenhossek, M. von, 1898: Über Flimmerzellen. Verh. Anat. Ges., Kiel **12**, 106–128.

Lowndes, A. G., 1941: On flagellar movement in unicellular organisms. Proc. Zool. Soc. London, 111 A, 111–134.

Lowy, J., and M. W. McDonough, 1964: Structure of filaments produced by re-aggregation of *Salmonella* flagellin. Nature **204**, 125–126.

Machin, K. E., 1958: Wave propagation along flagella. J. Exper. Biol. **35**, 796–806.

Manton, I., 1952: The fine structure of plant cilia. Symp. Soc. Exper. Biol. **6**, 306–319.

— 1957: Observations with the electron microscope on the cell structure of the antheridium and spermatozoid of *Sphagnum*. J. Exper. Bot. **8**, 382–400.

— 1959a: Observations on the microanatomy of the spermatozoid of the bracken fern (*Pteridium aquilinum*). J. Biophys. Biochem. Cytology **6**, 413–418.

— 1959b: Observations on the internal structure of the spermatozoid of *Dictyota*. J. Exper. Bot. **10**, 448–461.

— 1963: The possible significance of some details of flagellar bases in plants. J. Roy. Micro. Soc. **82**, 279–285.

Manton, I., and B. Clarke, 1956: Observations with the electron microscope on the internal structure of the spermatozoid of *Fucus*. J. Exper. Bot. **7**, 416–432.

Miller, W. H., 1958: Derivatives of cilia in the distal sense cells of the retina of *Pecten*. J. Biophys. Biochem. Cytology **4**, 227–228.

Naitoh, Y., 1958: Direct current stimulation of *Opalina* with intracellular micro-electrode. Annot. Zool. Japan **31**, 59–73.

Nelson, L., 1958: Cytochemical studies with the electron microscope. I. Adenosine-triphosphatase in rat spermatozoa. Biochim. Biophys. Acta **27**, 634–641.

Párducz, B., 1953: Zur Mechanik der Zilienbewegung. Acta Biologica Acad. Scient. Hungaricae **4**, 177–220.

— 1958: Reizphysiologische Untersuchungen an Ziliaten. VII. Das Problem der Vor-bestimmten Leitungsbahnen. Acta Biologica Acad. Scient. Hungaricae **8**, 219–251.

Pautard, F. G. E., 1962: Biomolecular aspects of spermatozoan motility. In: Sperm Motility (D. W. Bishop ed.). Amer. Assoc. Adv. Science. Wash. D. C., 189–232.

Pease, D., 1963: The ultrastructure of flagellar fibrils. J. Cell Biol. **18**, 313–326.

Pitelka, D. R., 1956: An electron microscope study of cortical structures of *Opalina obtrigonoidea*. J. Biophys. Biochem. Cytology **2**, 423–432.

— 1962: Observations on normal and abnormal cilia in *Paramecium*. In: Electron Microscopy Vol. 2 (S. S. Breese Jr., ed.). Acad. Press, N.Y. M–7.

— 1963: Electron microscopic structure of protozoa. Macmillan, N.Y., 269 pp.

Porter, K. R., 1957: The submicroscopic morphology of protoplasm. Harvey Lectures, Ser. 51, 175–228.

Purkinje, J. E., and G. Valentin, 1835: De phaenomeno generali et fundamentali motus vibratorii continui in membranis cum externis tum internis animalium plurimorum et superiorum et inferiorum ordinum obvii. Commentatio physiologica. Wratislaviae, A. Schultz, 96 pp.

Pütter, A., 1903: Die Flimmerbewegung. Ergbn. Physiol. **2**, 1–102.

RANDALL, J. T., 1959: The nature and significance of kinetosomes. J. Protozool. **6**, Suppl. Abstract No. 120, p. 30.

RANDALL, J. T., and S. F. JACKSON, 1958: Fine structure and function in *Stentor polymorphus*. J. Biophys. Biochem. Cytology **4**, 807–830.

RANDALL, J. T., J. R. WARR, J. M. HOPKINS, and A. McVITTIE, 1964: A single-gene mutation of *Chlamydomonas reinhardii* affecting motility: A genetic and electron microscope study. Nature **203**, 912–914.

RENAUD, F., and H. SWIFT, 1964: The development of basal bodies and flagella in *Allomyces arbusculus*. J. Cell Biol. **23**, 339–354.

RHODIN, J., and T. DALHAMN, 1956: Electron microscopy of the tracheal lining in the rat. Z. Zellforsch. **44**, 345–412.

ROTH, L. E., and E. W. DANIELS, 1962: Electron microscope studies of mitosis in amebae. II. The giant ameba *Pelomyxa carolinensis*. J. Cell Biol. **12**, 57.

ROTH, L. E., and Y. SHIGENAKA, 1964: The structure and formation of cilia and filaments in rumen protozoa. J. Cell Biol. **20**, 249–270.

ROTHSCHILD, LORD, 1961: Sperm energetics. In: The Cell and the Organism (J. A. RAMSAY and V. B. WIGGLESWORTH ed.). Cambridge Univ. Press, p. 9–21.

— 1962: Sperm movement. Problems and observations. In: Spermatozoan Motility (D. W. BISHOP ed.). Amer. Assoc. Adv. Science, Wash., D. C., p. 13–29.

ROTHSCHILD, LORD, and K. W. CLELAND, 1952: The physiology of sea urchin spermatozoa. The nature and location of the endogenous substrate. J. Exper. Biol. **29**, 66–71.

ROUILLER, C. H., E. FAURÉ-FREMIET, and M. GAUCHERY, 1956: Origine ciliare des fibrilles scléroprotéiques pédonculaires chez les ciliés péritriches. Exper. Cell Res. **11**, 527–541.

RUBY, A. D., 1962: Functional properties of the sperm flagellum. Abstracts, 2nd Ann. Meeting, Amer. Soc. Cell Biol., San Francisco, 160.

SATIR, P., 1961a: Cilia. Scientific Amer. **204**, No. 2, 108–116.

— 1961b: The mechanism of ciliary motion: a correlated morphological and physiological study of the gill of the freshwater mussel, *Elliptio complanatus* (Solander). Thesis. Rockefeller Institute, N.Y.

— 1962a: A vesicular component of the ciliary stalks of *Elliptio*. Abstracts, 2nd Ann. Meeting, Amer. Soc. Cell Biol., San Francisco, 163.

— 1962b: On the evolutionary stability of the 9 + 2 pattern. J. Cell Biol. **12**, 181–184.

— 1963: Studies on cilia. The fixation of the metachronal wave. J. Cell Biol. **18**, 345–365.

— 1964: Filament-matrix interaction during ciliary movement: Inferences drawn from electron microscopy of the distal end of the ciliary shaft of lamellibranch gill cilia. J. Cell Biol. **23**, 82A.

SATIR, P., and F. M. CHILD, 1963: The microscopy of ATP-reactivated ciliary models. Biol. Bull. **125**, 390.

SATIR, P. G., and W. H. MILLER, 1961: Electrical signs of ciliary activity. Abstracts, Internat. Biophysics Congress, Stockholm. No. 363, p. 260.

SATIR, P., and B. SATIR, 1964: A model for nine-fold symmetry in α keratin and cilia. J. Theor. Biol. **7**, 123–128.

SCHUSTER, F., 1963: An electron microscope study of the amoeboflagellate *Naegleria gruberi* (Schardinger). I. The ameboid and flagellate stages. J. Protozool. **10**, 297–312.

SEAMAN, G. R., 1960: Large-scale isolation of kinetosomes from the ciliated protozoan *Tetrahymena pyriformis*. Exper. Cell Res. **21**, 292–302.

SEDAR, A. W., and K. R. PORTER, 1955: The fine structure of the cortical components of *Paramecium multimicronucleatum*. J. Biophys. Biochem. Cytology **1**, 583–604.

SHAPIRO, J. E., B. R. HERSHENOV, and G. S. TULLOCH, 1961: The fine structure of *Haematoloechus* spermatozoan tail. J. Biophys. Biochem. Cytology **9**, 211–217.

SHARPEY, W., 1835–36: Cilia. In: The Cyclopedia of Anatomy and Physiology (R. B. TODD ed.). Longman, Brown, Green, Longmans, and Roberts, London, Vol. 1, pp. 606–638.

SLEIGH, M. A., 1960: The form of beat in cilia of *Stentor* and *Opalina*. J. Exper. Biol. **37**, 1–10.

— 1962: The biology of cilia and flagella. Pergamon, Oxford. 242 pp.

SLIFER, E. H., 1961: The fine structure of insect sense organs. Internat. Rev. Cytology **9**, 125–159.

SOROKIN, S., 1962: Centrioles and the formation of rudimentary cilia by fibroblasts and smooth muscle cells. J. Cell Biol. **15**, 363–377.

Sotelo, J. R., and O. Trujillo-Cenoz, 1958: Electron microscope study of the development of ciliary components of the neural epithelium of the chick embryo. Z. Zellforsch. **49**, 1–12.

Szollosi, D., 1964: The structure and function of centrioles and their satellites in the jellyfish *Phialidium gregarium*. J. Cell Biol. **21**, 465–479.

Tibbs, J., 1957: The nature of algal and related flagella. Biochim. Biophys. Acta. **23**, 275–288.

— 1962: Swelling of sperm tails accompanying ATP hydrolysis. Nature **193**, 686–688.

Tokuyasu, K., and E. Yamada, 1959: The fine structure of the retina studied with the electron microscope. IV. Morphogenesis of the outer segments of retinal rods. J. Biophys. Biochem. Cytology **6**, 225–230.

Watson, M. R., and J. M. Hopkins, 1962: Isolated cilia from *Tetrahymena pyriformis*. Exper. Cell Res. **28**, 280–295.

Watson, M. R., J. M. Hopkins, and J. T. Randall, 1961: Isolated cilia from *Tetrahymena pyriformis*. Exper. Cell Res. **23**, 629–631.

Watson, M. R., J. B. Alexander, and N. R. Silvester, 1964: The cilia of *Tetrahymena pyriformis*. Fractionation of isolated cilia. Exper. Cell Res. **33**, 112–129.

Weber, H. H., 1955: The link between metabolism and motility of cells and muscles. Symp. Soc. Exper. Biol. **9**, 271–281.

Whitear, M., 1962: The fine structure of crustacean proprioceptors. I. The chordotonal organs in the legs of the shore crab *Carcinas maenas*. Phil. Trans. Roy. Soc. London. **245 B**, 291–325.

Willmer, E. N., 1961: Amoeba-flagellate transformation. Exper. Cell Res. Suppl. **8**, 32–46.

Protoplasmatologia

III. Cytoplasma — Organellen

F. Trichocystes, Corps trichocystoïdes, Cnidocystes et Colloblastes

Trichocystes, Corps trichocystoïdes, Cnidocystes et Colloblastes

Par

RAYMOND HOVASSE

Professeur à la Faculté des Sciences de Clermont-Ferrand, France

Avec 41 Figures

Table des Matières

Il existe dans le cytoplasma de nombreuses cellules appartenant à des Protistes libres ou à des Métazoaires peu élevés en organisation, tels que Coelentérés et Platodes, des organites spéciaux dont la morphologie s'écarte de celle de ses constituants généraux, et dont les fonctions sont mal définies, mais ont été le plus souvent considérées comme offensives ou défensives. Ils font l'objet de ce chapitre.

Ce sont, d'une part, les trichocystes et corps trichocystoïdes, d'autre part les cnidocystes. Nous traitons également des colloblastes, organites non moins spéciaux, et caractéristiques des Cténaires.

Chapitre I

Les Trichocystes et les Corps trichocystoïdes

Ce sont des batonnets ou des sphérules très communs chez les Flagellés ou les Ciliés, et dont certains semblent se retrouver chez les Plathelminthes.

A une première approximation, nous les séparons en deux catégories, selon qu'ils sont, ou non, capables de se détendre, et que nous désignons comme *inextendibilia* et *extendibilia*.

Cette distinction, qui n'est, du reste, pas toujours rigoureuse, permet cependant de séparer deux ensembles : celui des *rhabdites* et *trichites*, d'une part, celui des *trichocystes vrais*, d'autre part[1].

I. Inextendibilia : Rhabdites et Trichites

Ces deux sortes d'éléments ont de commun une silhouette générale en fuseau, qui ne paraitpas se modifier immédiatement et explosivement quand ils sont sortis de la cellule. Presque tous sont sidérophiles, et ainsi probablement de nature protéique.

A. Les Rhabdites

Ils sont caractéristiques de certaines zônes de l'épiderme chez les Turbellariés, où ils ont été reconnus à cause de leur réfringence, et décrits depuis Schultze (1851), par tous les auteurs ayant étudié la cytologie de ces Vers. Il en existe aussi dans certaines cellules du parenchyme, chez les Acoeles, les Rhabdocoeles, les Triclades, et quelques Polyclades. Certaines Némertes en possèdent également dans leur épiderme, mais d'une manière moins générale. Ils sont signalés aussi chez les Témnocéphales.

Des noms variés leur ont été attribués : rhabdoïdes, pseudorhabdites, rhammites, sagittocystes, selon leur taille, leur forme, et probablement aussi leur signification. Le terme de *rhabdite* parait le plus général : il qualifie des corps en forme de fuseau, aux extrémités soit tronquées, soit effilées, et de dimensions importantes, puisque, comme l'indique von Graff (1907), leur taille est comprise entre 0,6 et 87 μ.

Chez les Triclades, où ils existent à la fois dans l'épiderme et dans le parenchyme, ils ne sont pas identiques dans ces deux cas. Ceux de l'épiderme grandissent parallèlement à l'axe des cellules-hôte, il y en a ainsi de plusieurs tailles, les plus fortes correspondant à la plus grande dimension des cellules prismatiques. Ils sont disposés régulièrement, et finissent par remplir chaque élément (fig. 1). Ceux des cellules du parenchyme, sont généralement plus petits, plus nombreux,

---

[1] Un récent travail de E. Reisinger et S. Kelbetz (1964), accentue le caractère artificiel de cette distinction, en montrant que beaucoup de rhabdites, qu'ils dénomment « rhabdites à décharge », se détendent sensiblement comme des trichocyctes, par exemple chez *Macrostomum* (fig. 3).

et disposés sans ordre (fig. 2). Il arrive que les cellules à rhabdites du parenchyme prennent l'apparence de véritables glandes, qui semblent rejeter leurs navettes à l'extérieur du corps, en perçant la basale de l'épiderme. Un tel processus semble courant chez les Rhabdocoeles, où il a été décrit dès 1848 par O. SCHMIDT, qui pense même que ces rhabdites peuvent parfois s'incorporer dans les cellules épidermiques. Cette opinion parait acceptée par DE BEAUCHAMP (1961) ; elle a été également soutenue par PEDERSEN (1959). Elle est critiquée par SKAER (1961) qui se refuse à penser qu'un élément cellulaire tel qu'un rhabdite puisse

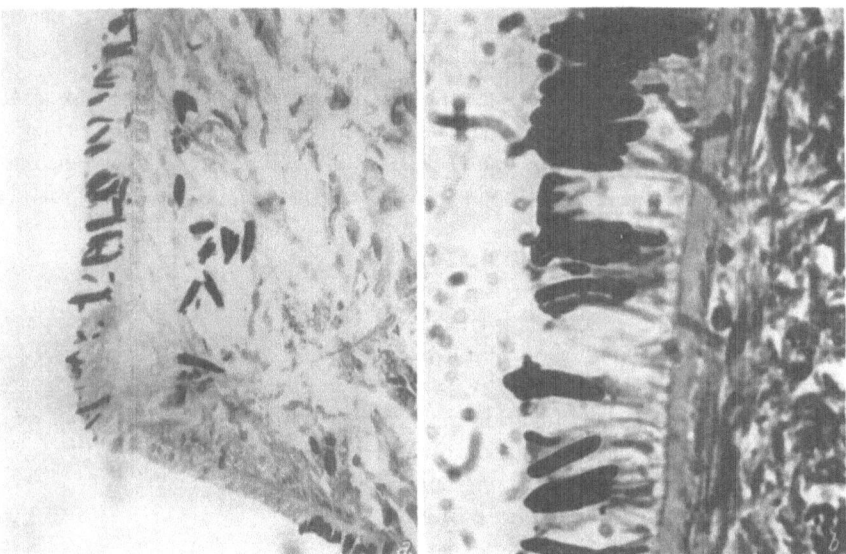

Fig. 1. *Dendrocoelum lacteum* : Rhabdites de l'épiderme. Bouin, Fer. *a*, × 200. zône latérale de la face plantaire encadrée de deux zônes à rhabdites. *b*, × 1200, portion d'épiderme : remarquer l'épaisse basale.

migrer d'une cellule vers une autre. Par contre, il admet que les cellules à rhabdites du parenchyme peuvent se déplacer *in toto*, et devenir l'origine des cellules de l'épiderme. Il pense avoir observé ce déplacement, mais sur coupes colorées, et fait remarquer d'autre part que les mitoses, fréquentes dans le parenchyme, semblent faire défaut dans l'épiderme[1]. CHANDEBOIS (1963) croit pouvoir appuyer cette hypothèse d'après des constatations effectuées au cours d'essais de cultures de tissus.

Ces faits ne nous paraissent pas suffisamment établis : il faut noter, en effet, qu'il n'existe que rarement des rhabdites dans le parenchyme des Polyclades, par ailleurs toujours bien pourvues en rhabdites de l'épiderme ; qu'il y a, dans les cellules de l'épiderme, des rhabdites en formation indiscutable, chez beaucoup de Triclades et que, enfin, la fixation des épidermes est difficile à obtenir cor-

---

[1] C'est un fait presque général que les cellules à cils vibratiles d'un épithelium ne se divisent plus une fois différenciées. Elles sont remplacées par de jeunes éléments non différenciés situées contre la basale. Les cellules considérées par SKAER comme migrantes peuvent être de tels éléments.

rectement, qu'il n'est donc pas possible de tenir compte de préparations qui ne démontrent pas l'existence des cils vibratiles, criterium d'une bonne fixation.

M. Prenant avait fait des rhabdites de *Dendrocoelum lacteum* et de *Planaria lugubris* une étude chimique après isolement par digestion tryptique (1919).

Il y avait reconnu la présence de N, P, S, en combinaison organique, et liés à des atomes de Ca et de Fe.

Il avait pensé qu'il s'agit de nucléoprotéides, malgré le caractère très acidophile de leur réaction, qui serait dû à une combinaison du nucléoprotéide avec une protéine basique. Effectivement, l'acidophilie disparait dès le début de l'action enzymatique.

Fig. 2. *Dendrocoelum lacteum*. Cellule à rhabdites du parenchyme, d'après M. Prenant; petits chondriosomes et gros rhabdites.

Des travaux plus récents ont modifié ces données. Tout d'abord, Turchini et Khau Van Kien, ont pensé établir l'existence de variations dans la nature chimique principalement des rhabdites du parenchyme : L'A.R.N. y serait présent, à certains stades seulement. Il pourrait évoluer par perte de son phosphore, vers des substances mucigènes (1949).

Depuis lors, Pedersen (1959) a reconnu dans les rhabdites la présence de divers acides aminés, dont la tyrosine, l'arginine et la cystéine. Mais il n'y retrouve ni A.R.N., ni Ca. En 1961, Skaer isole des rhabdites par centrifugation après broyage de *Polycelis nigra* : il confirme l'absence d'A.R.N. et de Ca, la présence d'arginine, à laquelle il attribue l'acidophilie, et d'adénine. L'existence de cette dernière base expliquerait les affinités des rhabdites pour l'hématoxyline.

Morphologiquement parlant, les rhabdites présentent une certaine hétérogénéité que décèle leur gonflement, plus lent au centre qu'à la périphérie. Le contraste de phase y décèle parfois un axe plus réfringent.

Skaer remarque leur consistance gélatineuse, ils sont étirables, mous, adhèrent au verre, mais pas au polyéthylène ; ils absorbent l'Ultra-violet, dans la bande de 2600 Å, sans fluorescence.

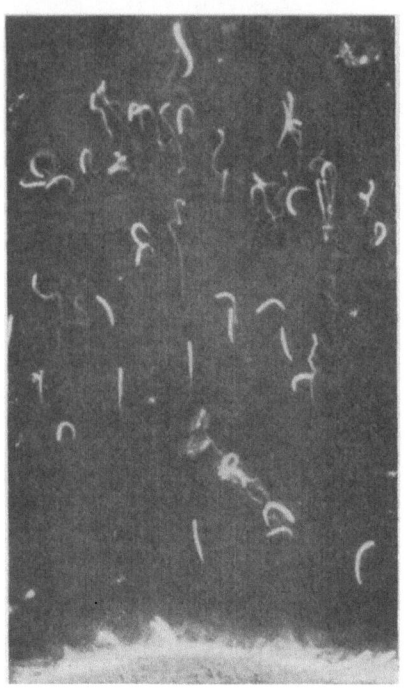

Fig. 3. *Promacrostomum paradoxum*. Eclatement des rhabdites de l'epiderme, provoqué par des traces de Lugol. Les trainées laissées par les éléments mesurent jusqu'a 100µ. Fond noir. D'après Reisinger et Kelbetz.

Aucun des auteurs que nous venons de signaler n'avait parlé de détente de ces éléments : il semble qu'il en soit ainsi chez les Triclades. Chez des formes plus primitives, telles que *Promacrostomum paradoxum*, Reisinger et Kelbetz provoquent par le Lugol une véritable décharge des éléments (fig. 3) le bâtonnet s'allonge à partir de son extrémité postérieure en une véritable explosion qui projette l'extrémité antérieure à une distance qui peut atteindre

100 μ. Ces rhabdites à décharge se distinguent ainsi des autres, « rhabdites à imbibition ».

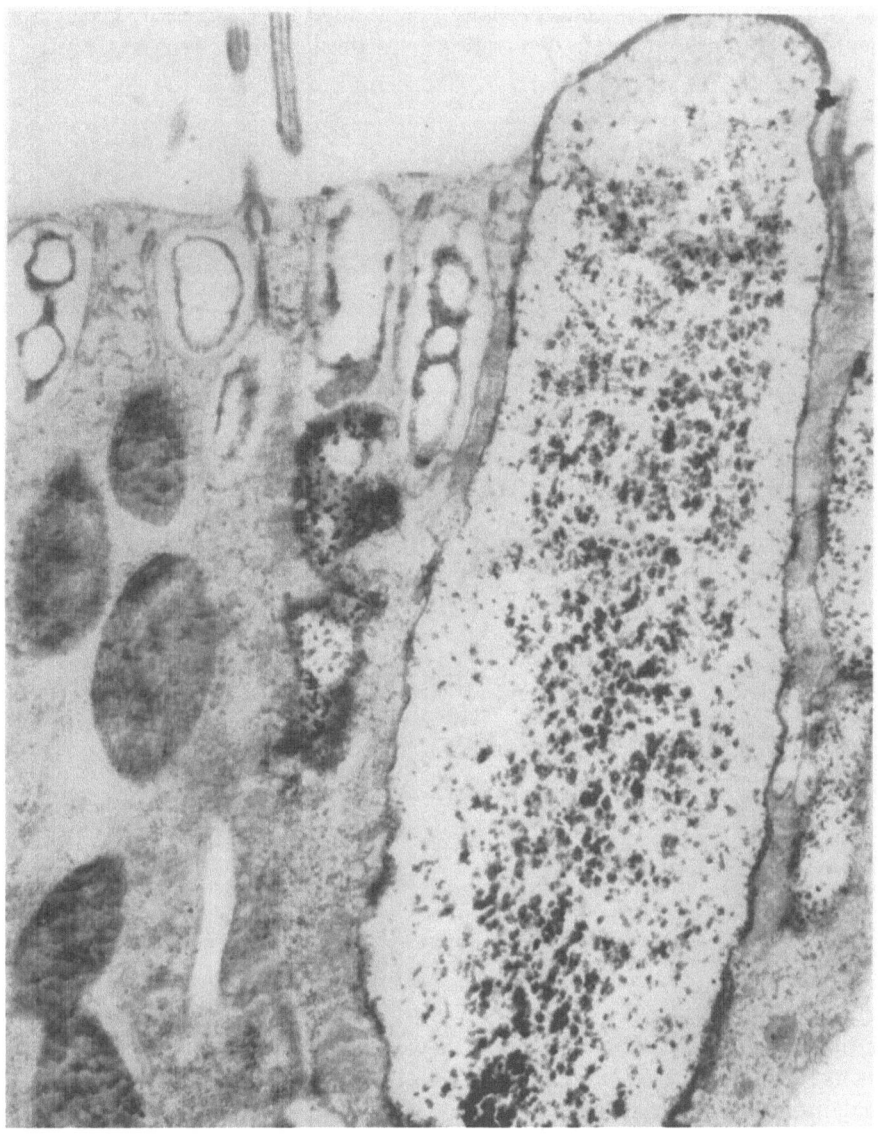

Fig. 4. *Polycelis nigra* : ultrastructure de l'épiderme. Palade tamponné, contrasté au Pb. Un gros rhabdite en expulsion. A gauche, jeunes rhabdites en contact des grains basaux. Noter la zône fibrillaire qui les entoure.
× 30.000.

Leur étude au M. E., effectuée en premier lieu par M. GONCHAROFF sur ceux de la trompe des Némertes, plus précisément de l'épiderme de la gaine de cet organe chez *Lineus ruber* (1956), a montré qu'ils ont une écorce périphérique entourée par une double membrane, et à l'intérieur de laquelle le corps central, anhiste, semble rétracté. En section transversale, on note parfois des zônes concentriques de densités différentes pour les électrons. Grâce aux progrès techniques résultant de l'emploi de meilleurs matériaux d'inclusion (araldite, ou epon), Skaer a pu reconnaître que le jeune rhabdite, d'abord homogène, se structure ensuite, un système fibrillaire longitudinal s'y organisant. Progressivement des granules denses se déposent sur les fibrilles et les font disparaitre. A

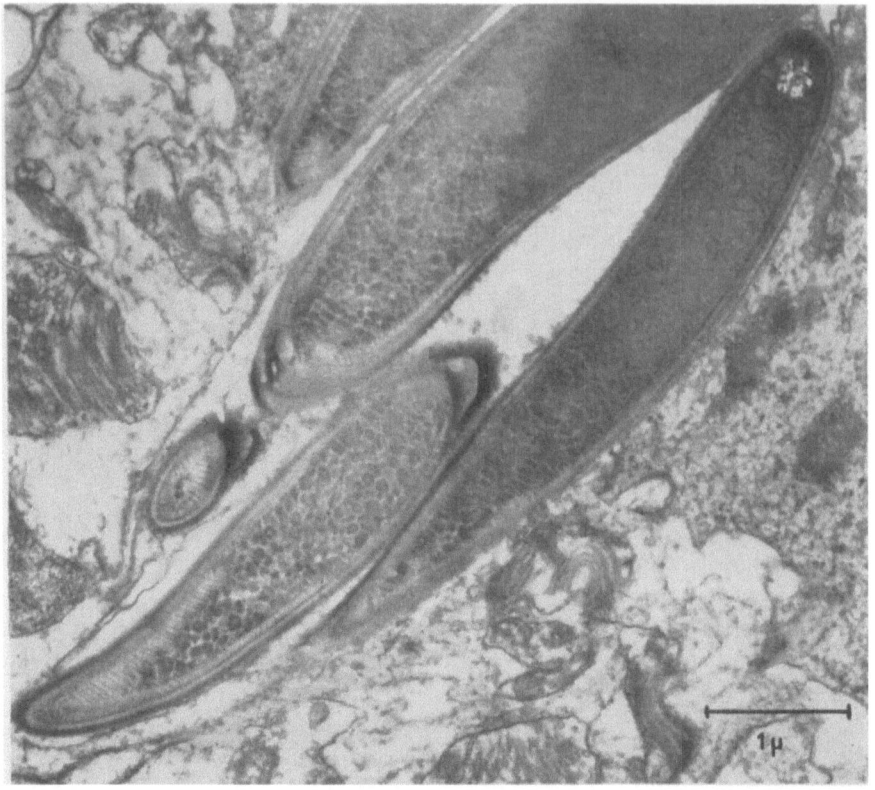

Fig. 5. *Macrostomum tuba*. Sections ultrafines de rhabdites du parenchyme dans un canal glandulaire. Noter les systèmes fibrillaires de l'enveloppe, les granules axiaux, et, en avant le « corps polaire ». × 20000. D'après Reisinger et Kelbetz.

la fin de son évolution on reconnait un cortex finement granuleux, entourant un axe à granules de plus de 100 Å. Notons que l'auteur n'a envisagé que les rhabdites du parenchyme.

Ceux de l'épiderme présentent une ultrastructure assez voisine, chez *Polycelis nigra*, où, d'après nos observations (fig. 4), les granules, surtout centraux, prennent l'acétate de Plomb, tandisque dans les jeunes rhabdites, en formation, ce sont des tractus, formant réseaux, et reliés au pôle antérieur de l'élément, qui fixent le colorant. Une structure périodique apparait ensuite à la périphérie de l'organite : elle est sensiblement de 200 Å, mais disparait au fur à mesure du grossissement du rhabdite. Celui-ci est, d'autre part, englobé dans un système de fibres cytoplasmiques, qui joue probablement un rôle dans l'expulsion des organites mûrs (fig. 4).

Ici encore, REISINGER et KELBETZ nous apportent beaucoup par leur étude des rhabdites de *Macrostomum, Bothrioplana, Megalorhabdites*. Ils démontrent un profonde hétérogénéité des organites, présentant à l'extérieur, une triple couche de fibres entourant une masse interne granuleuse, incluant, en avant, une sphère à contenu homogène probablement liquide, le corps polaire, de rôle enigmatique (fig. 5).

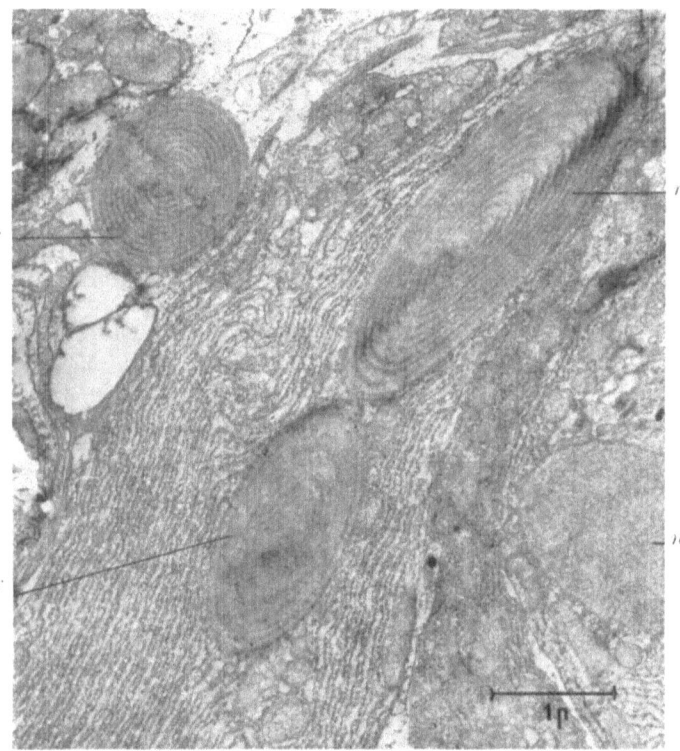

Fig. 6. *Bothrioplana semperi*. Sections de rhabdites, *r*, en formations dans une cellule du parenchyme. Noter 'ultrastructure en lamelles concentriques et les relations de celles-ci avec l'ergastoplasme. × 17000. D'après REISINGER et KELBETZ.

L'étude de l'origine des rhabdites épidermiques a été abordée par PRENANT. Chez les Triclades et les Rhabdocoeles, il indique leur formation à partir des grains basaux des cils. Il note, simultanèment, des modifications nucléaires, émissions de bourgeons suivies d'une diffluence de matériel nucléaire vers le lieu de formation. L'étude de *Fecampia erythrocephala* appuie cette hypothèse : Ce parasite ne possède normalement pas de rhabdites. Mais, à un certain moment de son cycle, il s'enkyste. Il y a alors une poussée brusque de rhabdites, qui, dans la région céphalique, sont peu nombreux, et faciles à observer : sans aucun doute possible, ils y naissent au contact des grains basaux, et en relation avec des noyaux pycnotiques.

En ce qui concerne les rhabdites du parenchyme, l'opinion de l'auteur est moins ferme : l'origine pourrait en être mitochondriale ou nucléaire.

Chez les Polyclades, le point de départ des rhabdites semble différent : le noyau de la cellule à rhabdites se divise par amitose, donnant une masse pycnotique, qui s'écarte du noyau normal, devient acidophile, s'étire et se transforme en rhabdite.

Ces modes de formation, bien que différents, auraient ainsi un point commun, l'intervention de la substance nucléaire. Cependant, envisagés tout du moins uniquement chez les Triclades, ils sont niés aussi bien par Pedersen que par Skaer. Nous conservons cependant l'opinion de Prenant, car, chez *Polycelis nigra*, c'est bien dans la région des grains basaux des cils, et seulement là, qu'apparaissent les jeunes rhabdites. Ils y sont en paquets, au contact des racines ciliaires (fig. 4) mais, au voisinage, il y a toujours de l'ergastoplasme et du chondriome.

Dans l'épiderme des Polyclades, c'est, au contraire, auprès de la basale qu'ils se forment, par unités : nous les avons vus se former ainsi en microscopie optique, chez *Stylostomum variabile* Lang, sur les préparations même de M. Prenant. Reisinger et Kelbetz n'admettent pas un tel mode de formation, et voient dans l'ergastoplasme seul l'origine des rhabdites de *Macrostomum purpureum* (fig. 6). Nous ne pensons pas que leur opinion soit en contradiction totale avec la nôtre.

On a attribué aux rhabdites des rôles variés, mais sans que ces attributions reposent, le plus souvent sur des arguments bien solides. Pour Metchnikoff (1865), Moseley (1877), Wendt (1878), ce sont des armes de projection venimeuse.

Les Planaires sont effectivement évitées régulièrement par les prédateurs, propriété dont il est facile d'attribuer la cause aux rhabdites. On tend aujourd'hui à voir plutôt son origine dans les glandes qui débouchent au niveau de l'épiderme, sans préciser, du reste, lesquelles de ces glandes (De Beauchamp).

Jansen les a considérés comme organes excitateurs au cours de l'accouplement. Il est vrai qu'il envisage surtout les sagittocystes, très gros rhabdites, acérés et qui n'existeraient qu'autour des orifices génitaux : leur aspect (fig. 7), évoque quelque peu le dard des Pulmonés.

Souvent ils ont été regardés comme organes tactiles (Schultze, 1861 ; von Graff, Lang, 1884). Pour d'autres, ce sont des organes de soutien (Ijima, 1884 ; Chichkoff, 1892). Remarquons que ces deux types de fonctions leur supposent des qualités mécaniques qui leur font le plus souvent défaut. Fréquemment, on les a considérés comme corps mucigènes protégeant l'organisme, ou permettant la capture des proies (Kennel, 1889 ; Woodworth, 1891 ; Böhmig, 1906 ; Hofstein, 1907 ; Micoletzky, 1907). Mais les rhabdites sont régulièrement PAS-négatifs, ce qui rend peu vraisemblable leur transformation en mucus.

M. Prenant avait pensé qu'il s'agit d'excreta puriques, ou de réserves. La première opinion est reprise par Skaer, qui fait valoir en sa faveur l'argument suivant : si l'on fait jeûner des Planaires la proportion de la masse des rhabdites à celle des tissus, ne varie pas. La seconde opinion dérive de l'étude de *Fecampia*. Après leur formation, les rhabdites y sont résorbés, donc réutilisés par l'organisme.

Par la suite de ses recherches, Prenant a comparé les rhabdites du parenchyme aux granulations éosinophiles des leucocytes, granulations α d'Ehrlich. Les caractères chimiques seraient extrêmement voisins, sinon identiques : l'auteur admet que la « fonction éosinophile », commune à tous les organismes qui possèdent de tels leucocytes, se trouve représentée, chez les Plathelminthes, par ces éléments si particuliers que sont les cellules à rhabdites.

La découverte des propriétés explosives de certains rhabdites, telle qu'elle est exposée plus haut, remet en vigueur l'idée d'un rôle défensif ou protecteur de ces éléments.

B. Les Trichites

Ce sont des corps de beaucoup plus petite taille, en forme d'aiguille ou de navette, et qui ne paraissent pas extensibles. Très répandus chez les Dinoflagellés libres ou parasites, ils existent également chez les Ciliés, tout en y étant cependant moins fréquents.

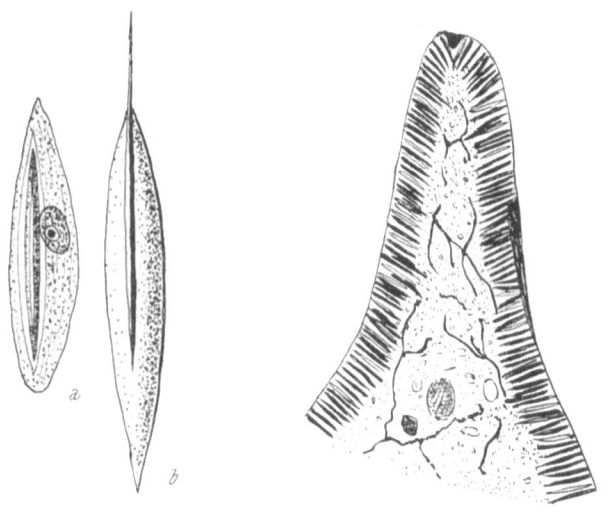

Fig. 7.   Fig. 8.

Fig. 7. Sagittocystes de *Convoluta*, d'après von GRAFF. *a*, après, *b*, avant l'éclatement.

Fig. 8. Trichites du Péridinien *Gyrodinium lacryma* Meunier. Section longitudinale de l'extrémité antérieure, avec sa palissade de trichites. Chondriome ramifié, et, à droite, fragment du « prospicule ». x 1500.

Généralement non colorés par les teintures vitales, on ne les remarque pas toujours, sur le vif, en raison de leur faible taille. Après fixation, ils sont fortement sidérophiles : leur nature protéique est souvent vraisemblable. Ils ont été encore peu étudiés au microscope électronique, qui a cependant déjà démontré que les corps désignés comme trichites ont fréquemment l'allure de cristaux protéiques.

Ceux des Péridiniens seront pris comme types. Chez *Polykrikos Schwartzii*, ils sont très nombreux et disposés sur toute la surface de l'organisme, rangés perpendiculairement à la pellicule, qu'effleure une de leurs extrémités. Au pôle postérieur du Protiste, ils sont particulièrement serrés les uns contre les autres. Initialement, ils adhèrent aux lignes principales du réseau argentophile de surface, à partir desquelles ils semblent se former. En coupe tangentielle, leur alignement est ainsi rigoureux, mais cet alignement disparaît en profondeur : ainsi que l'a pensé CHATTON en 1934, ils doivent se détacher, après formation, et s'écarter ainsi quelque peu de leur lieu de formation.

Nous devons à KOFOID, ainsi qu'à BIECHELER l'indication de leur présence fréquente, au moins chez les Gymnodiniens. La figure 8 montre l'extrémité antérieure de l'un d'eux, *Gyrodinium lacryma* MEUNIER, le long de laquelle ils forment une véritable palissade. Il arrive cependant qu'ils soient disposées d'une manière beaucoup moins régulière, qu'ils soient aussi plus longs, et alors difficiles à distinguer des trichocystes, si l'on ne peut vérifier qu'ils n'éclatent pas.

Les études au microscope électronique, malheureusement encore insuffisantes, permettent de reconnaitre (fig. 9) que ce sont plutot des prismes que des cylindres, qu'ils sont allongés, souvent envacuolés, et peuvent se terminer en avant par

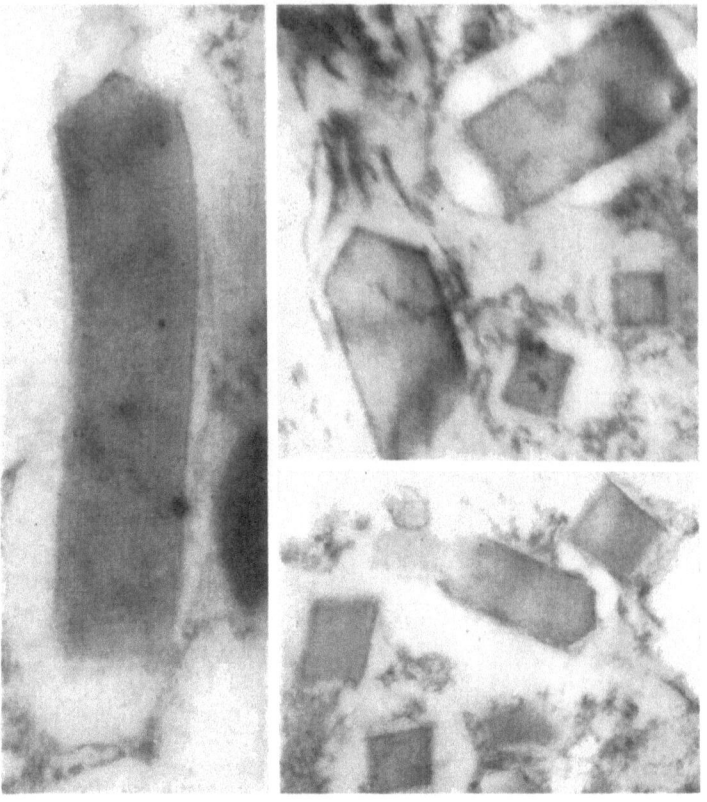

Fig. 9. Ultrastructure de trichites de *Prorocentrum*. Incl. aux méthacrylates, cliché Cachon. × 25.000.

un cône ou une pyramide surbaissée. La substance en semble homogène, ou plutot sans hétérogénéité marquée. Il est cependant permis de penser que ces premiers résultats sont insuffisants : l'allure géométrique des sections, le fait qu'il existe souvent des cristaux protéiques dans le cytoplasme des Péridiniens, sont deux arguments qui nous conseillent la prudence.

Il existe en effet, chez d'autres Flagellés, tels que l'Euglénien *Entosiphon*, étudié récemment par J. P. Mignot (1963), des baguettes à allure de trichites, dont l'ultrastructure est certainement paracristalline, donnant l'impression d'un paquet de tubes (fig. 10). Nous retrouverons de tels éléments, plus bas, chez les Ciliés.

Les trichites sont en effet fréquents chez ces Infusoires, et leur étude y est plus avancée. Rappelons déjà que des trichites disposés d'une manière analogue à celle signalée plus haut (fig. 8), ont été décrits par Chatton chez certains

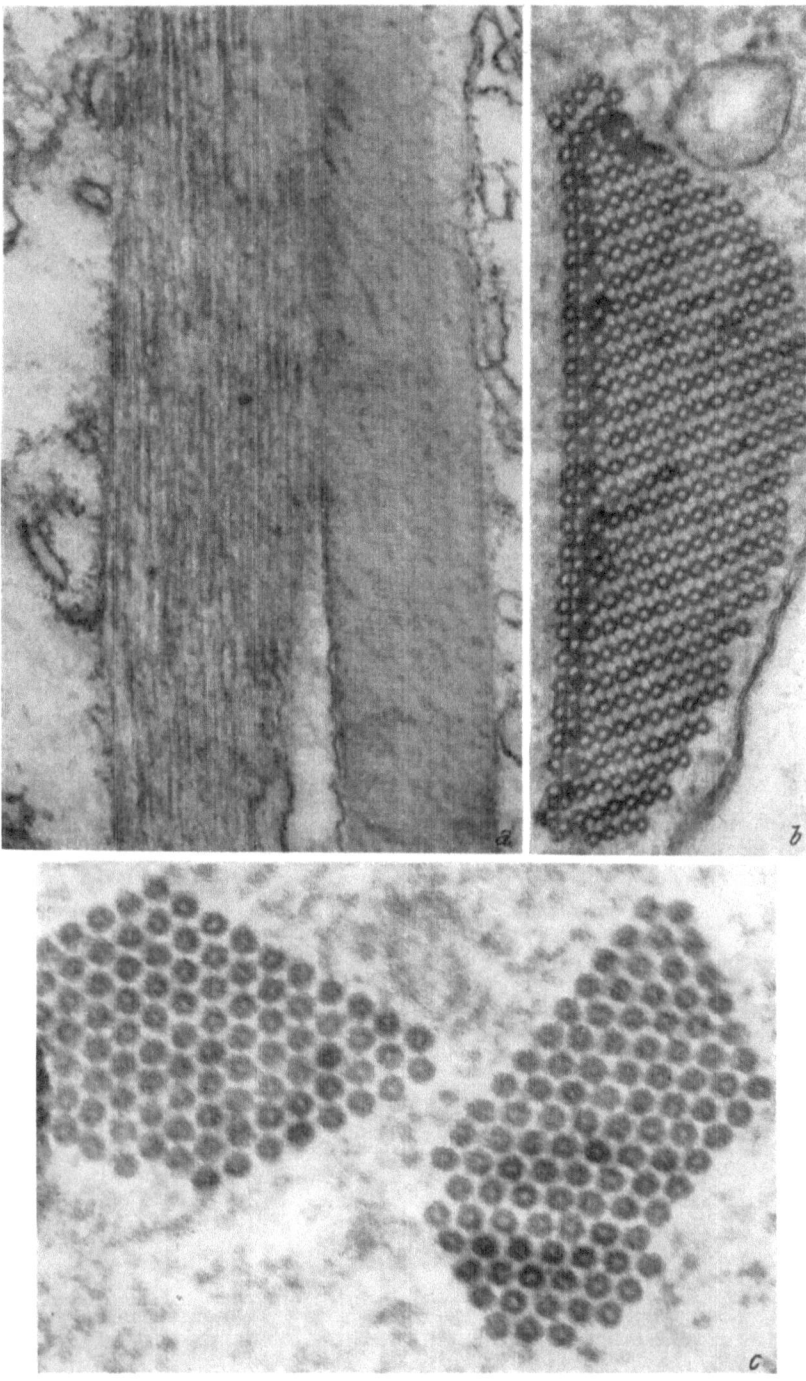

Fig. 10. Ultrastructure de trichites : *a*, de *Paranassula brunnea :* némadesmes de FAURÉ-FRÉMIET, × 48.000, cliché André. *b*, de *Entosiphon sulcatum*, × 90.000, cliché Mignot. *c*, d'*Alloiozona*, × 120.000, cliché Grain.

Apostomes de la famille des *Foettingeriidae*, appartenant aux genres *Gymnodinoïdes* et *Foettingeria*. Ils ne sont présents qu'à certaines phases du cycle évolutif, se résorbant ensuite : ils sont disposés en rangées ou en amas réguliers, affleurant par une extrémité effilée en des points précis de la surface, puis migrant dans l'endoplasme. Ils ne diffèrent des trichocystes que par leur absence d'éclatement, et paraissent se former de la même manière qu'eux. Nous devons nous demander s'il ne s'agit pas en réalité de trichocystes non encore mûrs, ou imparfaits. Ces organites sont à étudier au microscope électronique. Les nasses pharyngiennes des Gymnostomes, et de certains Hyménostomes sont réputées constituées par des trichites. Dès 1956, Fauré-Frémiet et ses collaborateurs ont entrepris leur étude, d'où il ressort qu'il s'agit d'éléments certainement très différents de ceux des Apostomes, par la forme, comme par le rôle.

Dans le pharynx des *Rhabdophorina* Gymnostomes, tels que *Coleps* ou *Prorodon* les coupes ultrafines décèlent des baguettes protéiques, de sections géométriques, ayant de 3 à 6 côtés, et faites chacune d'un faisceau de fibres parallèles, souvent tubulaires, et disposées selon un motif régulier (fig. 10 c). Chez les *Cyrtophorina*, tels que *Nassula*, ou *Chlamydodon*, des baguettes analogues peuvent s'agencer en lamelles, disposées radialement, et unies à la périphérie par une lame continue, formant tube, et qui entoure ainsi le pharynx. Chez *Paranassula brunnea*, certaines de ces fibres montrent une périodicité transversale de l'ordre de 200 Å (Fauré, 1962). Mais il y a parfois aussi accolement de baguettes ayant des directions de périodicité différentes (fig. 10 a) Fauré-Frémiet désigne ces baguettes comme *némadesmes* (= paquets de fils). Il est vraisemblable qu'il s'agit de fibres soutenant le pharynx, et jouant un rôle dans l'absorption des proies : elles doivent ainsi être au moins élastiques.

Le même savant a signalé également l'existence d'autres baguettes protéiques, de nature homogène, et qu'il a rapprochées des précédentes. Tels sont les éléments constitutifs de la ventouse des *Urceolaridae*, ou les batonnets disposés en gerbe dans la région postérieure des *Strombidium*. Ces derniers avaient été considérés par Pénard comme des trichocystes (1922). Ils ne se détendent pourtant pas.

Sur tous ces organites, il est difficile de se prononcer d'une manière définitive : il y a certainement parmis eux des éléments squelettiques, qui doivent être écartés des trichites, au sens ancien du mot : cette brève revue laisse en effet subsister un doute, qui porte sur l'existence même des trichites, et qui ne sera levé que par des recherches plus approfondies.

De même, il n'est pas possible de dire s'il existe entre rhabdites et trichites autre chose qu'une analogie de forme et si cette catégorie des « inextendibilia » est naturelle ou artificielle.

II. Extendibilia: Trichocystes

Par ce terme, qu'il ne faut pas accepter au sens étymologique, car beaucoup des éléments qu'il désigne ne présentent, ni avant, ni après la détente, la moindre analogie avec un poil (*trix-*), on entend des corps sphériques, ou cylindriques ou en navette, qui peuvent modifier leur forme par un gonflement plus ou moins brusque souvent explosif, donnant naissance à un boudin ou à un fil. Il convient de leur distinguer deux états, l'un quiescent, l'autre étendu, ou explosé.

Ils sont très répandus chez les Flagellés et les Ciliés où ils ont été signalés depuis 1760 (ELLIS) et étudiés depuis ALLMANN (1855). Ils sont encore imparfaitement connus, car, bien que leur taille se trouve dans la gamme de la microscopie optique, elle se tient toutefois près de sa limite et les détails de leur organisation ne sont souvent perceptibles qu'avec le microscope électronique. Il faut, même, disposer de coupes ultrafines pour pouvoir les étudier avec fruit.

Une classification d'ensemble en a été établie par F. KRÜGER qui, au cours de patientes études à l'ultramicroscope, nous a renseignés sur beaucoup d'entre eux. Il distingue ainsi trois catégories qu'il désigne comme.

1. *Protrichocysten*, 2. *Spindeltrichocysten*, 3. *Nesselkapseltrichocysten*.

Il s'agit, évidemment, d'un essai qui englobe approximativement les principaux types. KRÜGER joint, du reste, à ces trois groupes, un quatrième pour les formes qui ne peuvent pas se caser auprès des autres, exemple que nous suivons nous-même.

A. Les Protrichocystes

Ces élements sont souvent difficiles à voir. KRÜGER en choisit l'exemple chez *Prorodon teres*. Ce sont de fines navettes qui explosent en s'étendant plus ou moins selon les diverses dimensions, donnant ainsi un boudin anhiste, fortement hydraté, et sans membrane bien définie (fig. 11). Ils ne se colorent pas à l'éosine, mais sont basophiles. Quand ils explosent tous, ils forment en se fusionnant autour de la cellule une enveloppe continue, qui, par désimbibition, est l'origine du kyste de résistance ou tout au moins de sa partie extérieure.

Il parait bien que ces protrichocystes s'identifient aux « Tektinstäbchen » des auteurs allemands, assimilation qui n'a pas toujours été reconnue. W. SCHNEIDER a décrit, en 1930, la formation de kystes faits de cette « Tektin » dans près de 200 espèces de Ciliés. Il n'en fixe pas l'origine, le plus souvent, parcequ'il ne fait pas la distinction entre protrichocystes, souvent difficiles à voir avant leur explosion et trichocystes vrais qui ne prennent aucune part à la formation du kyste. Les deux types d'organites peuvent exister, côte à côte, dans les mêmes espèces, et y jouer des rôles différents. Les figures de SCHNEIDER montrent des kystes en formation où l'on reconnait les boudins formés par chaque protrichocyste et non encore soudés à la masse commune, et à côté, les « traits » développés par les trichocystes vrais, seuls reconnus déjà avant leur détente, et qui ne jouent aucun rôle dans la kystogénèse.

Ces faits ont été fréquemment signalés chez les Ciliés. C'est ainsi que KAHL provoque par une brusque élévation de température l'explosion simultanée des protrichocystes de *Colpidium campylum* : il en résulte, tout autour de l'Infusoire une enveloppe épaisse, faite de rayons muqueux qui deviennent la membrane kystique. Chez *Colpoda cucullus*, ces protrichocystes sont nombreux et en forme de fines aiguilles, bien colorables par le Rouge neutre ou le Bleu de Crésyle. Le Rouge de Ruthénium provoque leur explosion. DRAGESCO, qui rapporte ce fait signale cependant leur persistance dans l'individu enkysté, ce qui ne parait explicable que par une reformation rapide et probablement aussi par une éjection incomplète. Au microscope électronique, chaque boyau éjecté est homogène et très perméable aux électrons. A l'état quiescent, on note la même absence de structure.

Dragesco donne, cependant, ici, une note discordante : chez *Prorodon niveus*, les pseudotrichocystes ne prennent pas les teintures vitales, pas plus que le Vert Janus, le Lugol ou le Mucicarmin : ils sont basophiles et se colorent par le Vert de méthyle acétique. Néanmoins, ils forment dans l'eau des boudins très hydratés, comparables à ceux des types précédents.

Tous ces éléments très simples, même vus au microscope électronique, offrent des caractéristiques semblables, malgrè quelques différences chimiques : tous paraissent jouer le rôle d'organites kystogènes. Ils semblent ainsi correspondre aux « corps mucifères » des Flagellés.

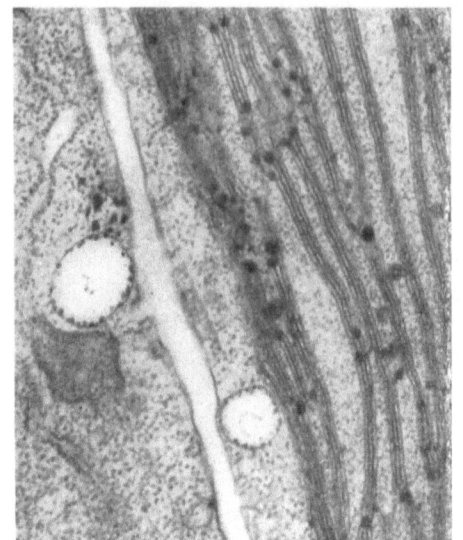

Fig. 11.   Fig. 12.   Fig. 13.

Fig. 11. Protrichocystes de *Prorodon teres*, d'après F. Krüger. *a*, après ; *b*, avant l'éclatement : x 1500.

Fig. 12. Corps mucifères, ou protrichocystes de la Chrysomonadine *Hydrurus foetidus*, au microscope électronique x 30.000. Régions périphériques de deux cellules presque au contact. Celle de gauche montre en outre un peu d'ergastoplasme, celle de droite, un peu de son chloroplaste. Cliché Joyon.

Fig. 13. *Ochromonas viridis* ayant émis des grains de mucus, d'après Bourrelly.

Ceux-ci, fréquents chez les Chrysomonadines et les Eugléniens, sont de petites sphérules ou de courts fuseaux sous-pelliculaires, de disposition variée et qui sont susceptibles de donner, une fois détendus, des masses de gelée muqueuse, en relation avec l'enkystement ou la sécrétion de la matière fondamentale des palmellas.

Ils peuvent être très petits : chez *Hydrurus foetidus* (Chrysomonadine), on ne les voit qu'au microscope électronique. Ce sont des vésicules sphériques ou ellipsoïdales à grand axe perpendiculaire à la pellicule et dont la dimension oscille entre 50 et 100 mµ (fig. 12). Le contenu en est particulièrement clair : ces vésicules paraissent venir éclater à la surface qui reste un instant déprimée à ce niveau. Elles n'ont de rapport net avec aucun constituant cellulaire.

Bourrelly signale (1954), dans le même groupe, de nombreux exemples d'organites analogues, plus gros, puisqu'il les reconnait au microscope optique. Ils se colorent au Bleu de Crésyle qui, selon sa concentration, provoque ou non leur explosion. Parfois, chez *Ochromonas chromulina*, ils fournissent chacun une petite boule de mucus qui reste reliée à la cellule par un court pédoncule. Certains sont teintés par le Lugol (fig. 13).

Chez les Eugléniens, ces corps mucifères sont fréquents, la forme sphérique étant moins habituelle que la forme en navette ; leur taille est relativement élevée et leur disposition régulièrement en rapport avec celle des structures de surface.

Leur présence, leur forme et leur disposition constituent des caractères utilisés en taxonomie.

Beaucoup d'auteurs les ont étudiés, notant leur coloration par les teintures vitales et leur explosion pour une concentration donnée de celles ci. La coloration n'est pas toujours reconnue homogène, certaines parties restant incolores, ce qu'explique une éjection incomplète, plutôt qu'une structure particulière. Bien entendu, il est μ possible que l'étude des coupes ultra fines par le microscope électronique complique quelque peu ce schéma et le fasse considérer comme simpliste.

A titre d'exemple, chez *Euglena granulosa* (fig. 14a), ces corps, presque sphériques, bordent, à intervalles réguliers, une strie sur cinq de la cuticule, tout du moins chez l'individu qui s'est divisé récemment, car le nombre de stries n'est constant que dans des conditions d'âge comparables. Ils sont accolés à la strie, au niveau d'un petit granule qui est peut-être un orifice.

Chez *Euglena sanguinea* (fig. 14b), ce sont des navettes, disposées de la même façon, une strie sur neuf, leur extrémité proximale étant dirigée vers l'arrière. Il y a quelquefois des dispositions moins régulières, dans les espèces où la striation de la cuticule est moins accentuée.

Si l'on provoque, chimiquement ou par une brusque élévation de la température, l'explosion simultanée de tous ces organites, l'agglomération des boudins réalise la matière première d'une enveloppe kystique.

En somme, ce qui caractérise cette première catégorie, c'est l'existence d'une simplicité morphologique très nette : les protrichocystes n'ont pas de structure reconnaissable, au moins optiquement. Les produits qu'ils éjectent peuvent différer, autant que nos méthodes de coloration permettent de le juger. Le plus souvent, ils sont en relation avec la formation des kystes.

B. Les Trichocystes lanceurs

La seconde catégorie de F. KRÜGER est celle des *trichocystes en fuseau*.

Ce terme me paraît à récuser, car, cette même forme se retrouve dans toutes les catégories, comme elle se trouvait déjà chez les trichites et les rhabdites. Il en est, d'autre part, dans ce groupement, qui ne possèdent pas cette forme — par exemple, les trichocystes des Cryptomonadines, qui sont cylindriques ou tronconiques, et ceux de certaines Chrysomonadines, qui sont sphériques. Par contre, tous, en explosant, lancent quelque chose de figuré. Je les désigne donc comme *trichocystes lanceurs*, en distinguant des *akontobolocystes*, ou lanceurs de *traits*, et des *discobolocystes* ou lanceurs de *disques* (ἄκων = trait, δίσκος = disque, βάλλω = je lance).

1. Akontobolocystes

Leur type est représenté par les trichocystes des *Paramecium*, qui ont été les plus anciennement observés et étudiés depuis ALLMANN (1855). Il s'agit de navettes de 4 μ de long, disposées normalement à la surface du Cilié, et y affleurant à des places régulières, à proximité des cinétosomes. Ils ne se teintent pas par les colorants vitaux, mais sont fortement sidérophiles.

Le microscope électronique leur découvre une constitution complexe, déjà entrevue au fond noir par KRÜGER (1930). SEDAR et PORTER (1955) montrent

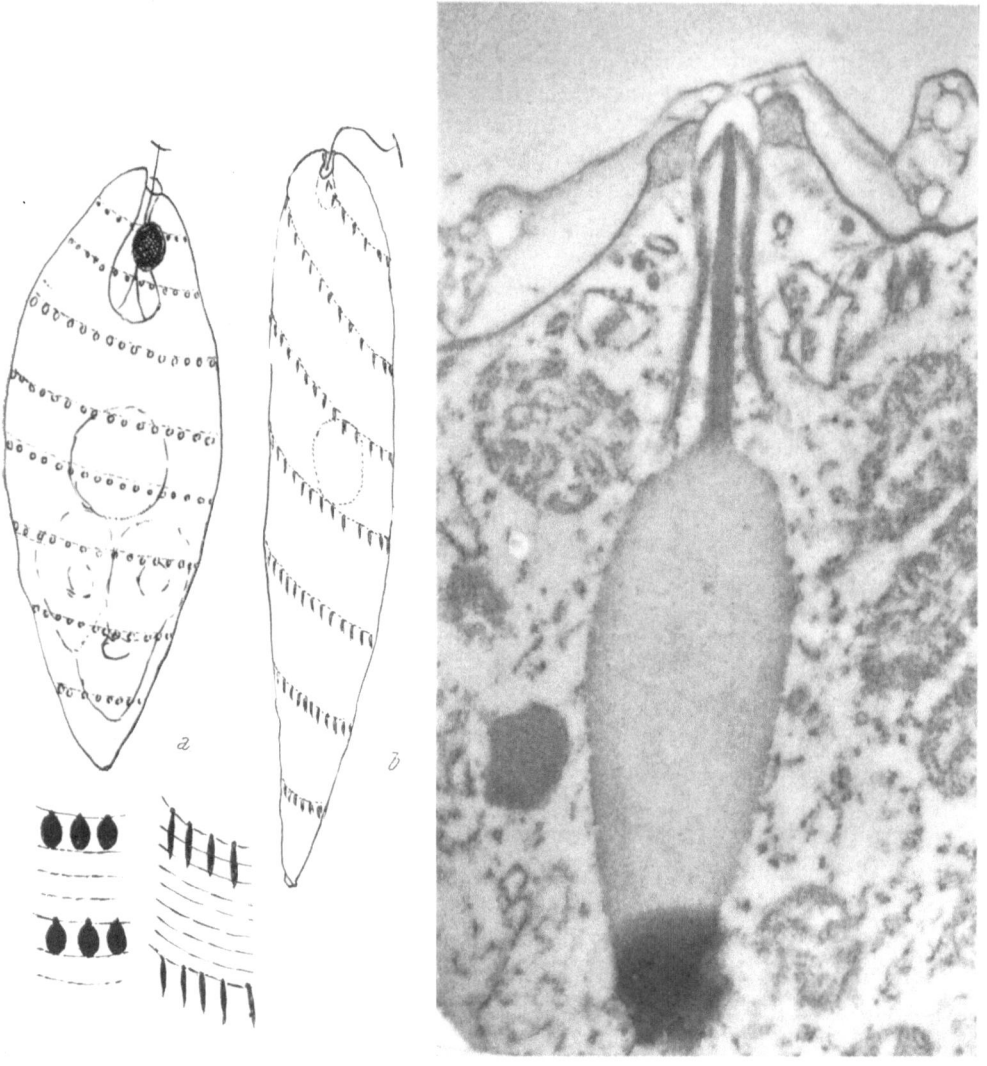

Fig. 14.   Fig. 15.

Fig. 14. Protrichocystes d'Euglènes. Chez *Euglena granulosa* en *a*, chez *E. sanguinea*, en *b*, Détails, à la partie inférieure.

Fig. 15. Trichocyste quiescent de *Paramoecium caudatum* : noter l'opercule, la pointe, et le corps. Autour, des mitochondries, mal fixées. En haut, la membrane cellulaire complexe. × 31.000. Cliché André.

que le trichocyste quiescent (fig. 15) comprend un corps en navette limité par une fine membrane et dont le contenu est assez perméable aux électrons. Des résolutions suffisantes le montrent structuré (fig. 16), avec une périodicité comprise entre 200 et 250 Å. En avant, il est tronqué par un disque, disposé comme

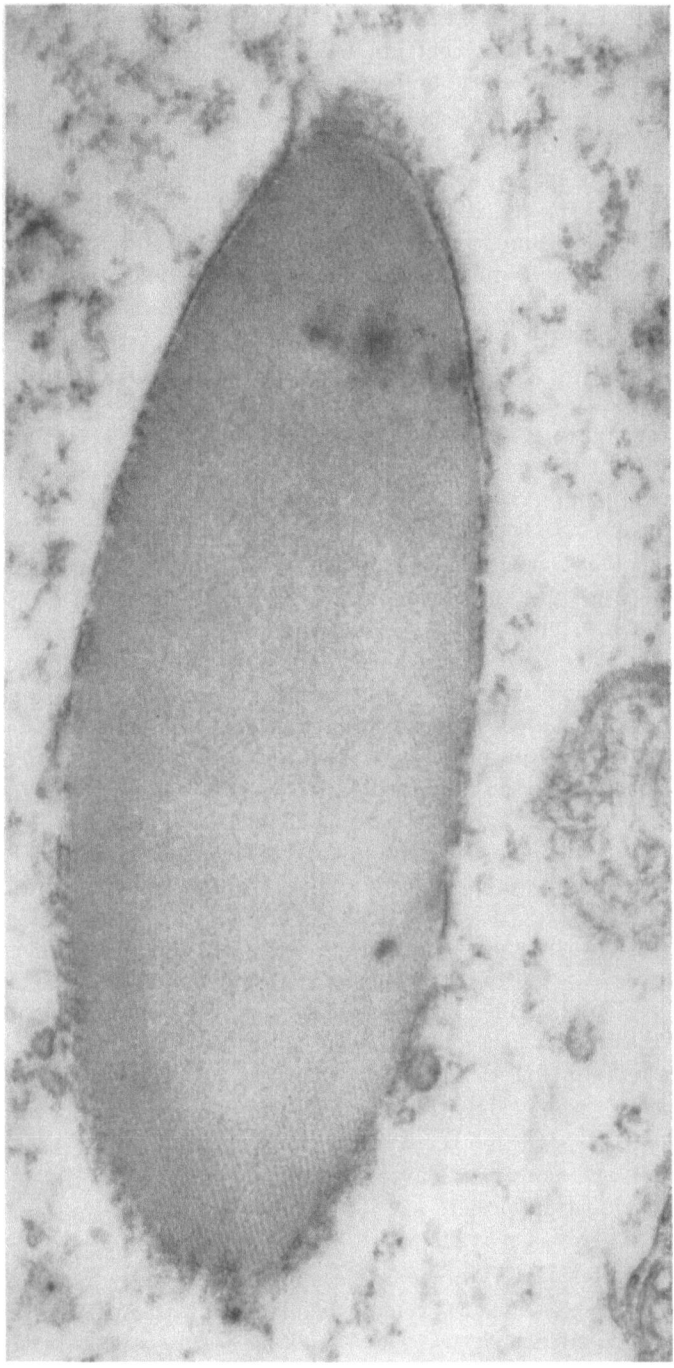

Fig. 16. Corps de trichocyste de *Paramoecium caudatum*. montrant sa structure paracristalline. Cliché André, × 62.000.

la tête d'un clou dont la pointe est dirigée vers l'extérieur, selon l'axe. Un capuchon plus dense, que Chatton a qualifié d'*opercule*, dès 1914, recouvre toute la région de cette pointe. La forme et les dimensions du clou varient d'une espèce à l'autre, et des grains denses, probablement lipidiques, garnissent l'espace qui le sépare de l'opercule, espace qu'accentue toujours la fixation.

Le dôme de l'opercule est tangent à la surface du corps où il fait même une légère saillie au centre des polygones de l'argyrome. La région terminale de ce dôme, étudiée en sections transversales, a été reconnue comme formée d'un cercle de courtes fibrilles, ne se continuant pas en profondeur, mais dont le nombre n'est pas constant, pouvant dépasser le chiffre de neuf (Fauré-Frémiet).

Toute excitation mécanique, thermique ou chimique provoque l'explosion. En 1952, Wohlfahrt-Bottermann a mis au point une technique élégante qui permet d'obtenir cette explosion sans léser le Cilié, *Paramecium* ou *Frontonia* : elle consiste à faire passer l'Infusoire dans un champ électrique réalisé dans une goutte d'eau entre deux électrodes distantes de quelques millimètres, et entre lesquelles est établie une légère différence de potentiel (2 à 10 V). L'explosion provoque la formation d'un filament tubulaire ayant de 20 à 35 µ de long, et terminé par la pointe, dont les dimensions n'ont pas varié (fig. 17). Le filament a été maintes fois étudie, au microscope électronique depuis Jakus et ses collaborateurs, en 1942 : il se montre strié transversalement, l'écartement des stries étant régulier, manifestant une période qui est, sensiblement, de 550 Å. On a reconnu, en outre, une variation cyclique de la densité des bandes, selon une surpériode de 2200 Å ; ceci permettait de penser que l'explosion était, à partir de la masse jugée amorphe, une sorte de cristallisation d'une chaîne polypeptidique, comparable à celle observée dans les fibres de collagène ou des racines ciliaires. Fauré-Frémiet et Rouiller (1957) ont montré, par l'étude d'éclatements imparfaits, que cette sorte de cristallisation ne se produit pas instantanément ; mais qu'elle est précédée par des arrangements moléculaires provisoires présentant une disposition périodique différente des divers éléments de la protéine fibreuse. L'explosion est donc, ici, une augmentation de volume dans une direction unique par organisation d'un édifice moléculaire précis : cet explosif biologique ne parait pas présenter d'équivalent dans les explosifs chimiques. Puisque, comme nous l'avons indiqué plus haut, la substance est déjà organisée avant l'explosion, celle-ci se présente comme une réorganisation, liée vraisemblablement à une absorption d'eau, et à un écoulement par un orifice étroit, marqué, en quelque sorte par la tête du clou. Celui-ci montre également un arrangement moléculaire périodique, mais stable, dont la période, chez *P. caudatum*, est égale à 170 Å (Nemetschek, Hofmann et Wohlfahrt-Bottermann).

Chez *Uronema marinum*, Krüger, Wohlfahrt-Bottermann et Pfeffer-korn, étudiant le trait projeté par les trichocystes, ont reconnu une structure plus simple, le filament n'ayant pas de pointe à son extrémité.

Les trichocystes des Cryptomonadines montrent un autre type d'akontobolo-cystes. Ces organites sont aussi connus depuis fort longtemps (Bütschli, 1878). Krüger en a décrit deux types chez *Chilomonas paramecium*, les uns pharyngiens, les autres cuticulaires. Ils ont été, également, étudiés par Hollande (1942) qui a qualifié les premiers de trichocystes mais ne considére les seconds que comme des corps mucifères.

Il s'agit, en réalité, d'éléments entièrement comparables si l'on fait abstraction de leur taille : les uns et les autres sont des trichocystes lanceurs de traits, mais

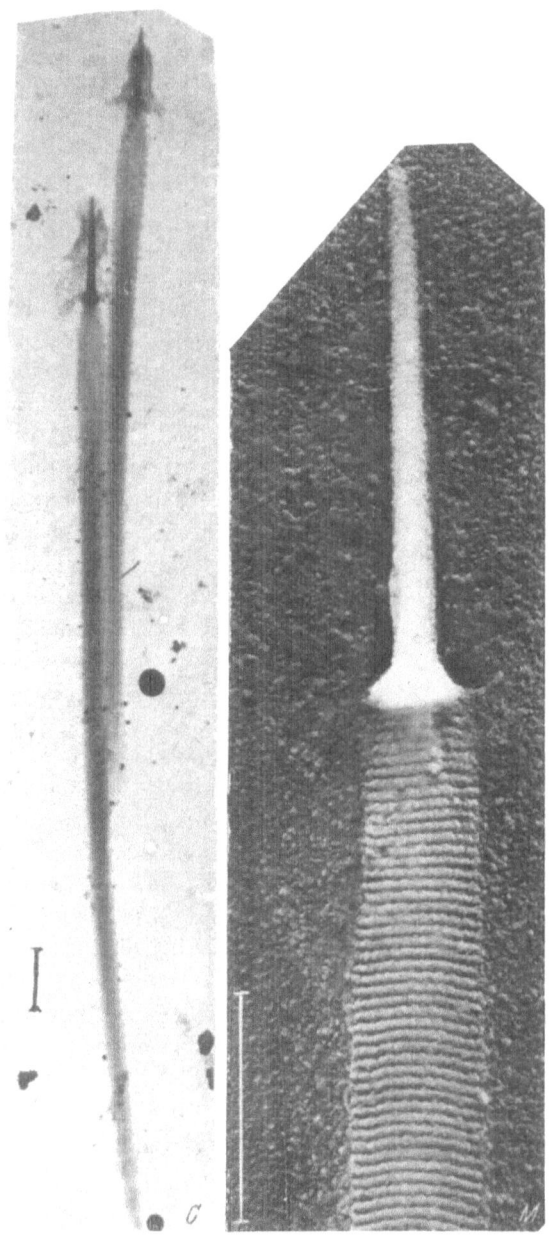

Fig. 17. Trichocystes de *Paramoecium* explosés : C. de *P. caudatum :* les pointes sont coiffées des opercules qu'elles ont entraînés. × 6000. M. de *P. multimironucleatum* extrémité antérieure ombrage à l'or, d'après DRAGESCO

petits : ils justifient donc une étude au microscope électronique. Notons que ni les uns ni les autres ne prennent les couleurs vitales ; ils ne se colorent pas au Lugol, mais, les pharyngiens au moins, sont sidérophiles.

DRAGESCO (1951) les a étudiés au microscope électronique après extension. Les cuticulaires forment une fine aiguille tubulaire de 4 à 7 μ, avec l'extrémité proximale effilée, l'autre extrémité terminée par un granule au delà duquel se reconnait un « bec » d'un micron et qui n'est généralement pas dans le prolongement de l'aiguille. Les trichocystes pharyngiens sont, environ, 10 fois plus longs et 3 ou 4 fois plus larges ; ils ont un granule plus important, souvent dédoublé et un bec qui mesure jusqu'à 15 μ. Dans les uns et les autres, l'aiguille parait montrer une fibrillation longitudinale (fig. 18).

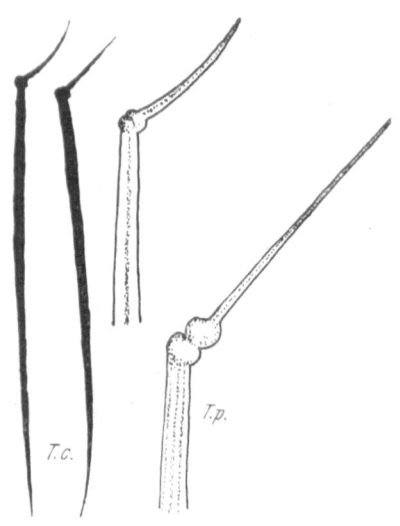

Fig. 18. Trichocystes explosés de *Chilomonas paramecium*, d'après DRAGESCO. T. C. Trichocystes corticaux, deux en noir et l'extrémité d'un troisième, en clair, plus grossi. T. p., extrémité d'un trichocyste pharyngien, striation longitudinale de l'axe. Frottis × 15.000.

On sait, depuis BĚLAŘ (1916), que les organites pharyngiens sont, à l'état quiescent, de courts cylindres creux qui, mûrs, sont disposés, leur axe étant perpendiculaire à la paroi du pharynx. Les coupes ultrafines montrent davantage (fig. 19 et 20) : ANDERSON (1962), JOYON (1963) ont permis de comprendre que chaque trichocyste pharyngien est fait de deux éléments à l'intérieur d'une même vacuole, à parois simples, mais épaisses. Tous deux sont cylindriques, ou cylindroconiques, le diamètre du cylindre étant légèrement inférieur à sa hauteur. L'un de ces cylindres, le plus éloigné du pharynx, a un diamètre presque double de celui de l'autre. Tous deux sont faits d'une substance dense en feuillets concentriques ; tous deux sont alésés intérieurement en forme d'entonnoir, largement ouvert en direction du pharynx, s'il s'agit du gros, en sens inverse, pour le petit, qui se trouve ainsi engagé en partie à l'intérieur du gros. Un tube commun réunit les fonds des deux concavités : il est plus ou moins long, et peut constituer parfois un véritable peloton. Le gros cylindre est nettement attaché à la paroi de la vacuole par une couronne de fibres dirigées obliquement du côté du pharynx.

Il semble que la détente soit déjà commencée par le tube d'union, dont la longueur variable doit indiquer des étapes plus ou moins précoces de sa formation. La substance dense du gros cylindre assurerait la formation du tube éjecté ; le petit cylindre donnerait le granule et le bec : il ferait, en quelque sorte, l'office du second étage d'une fusée. ANDERSON imagine une détente « télescopique » : elle est peu vraisemblable, car le filament éjecté est bien continu, et donc constitué par un matériau homogène. L'aspect feuilleté des deux cylindres peut être dû à une croissance par apposition, aspect accentué par la fixation, car il n'est pas constant.

L'ultrastructure des trichocystes cuticulaires semble identique, sauf en ce qui concerne la taille, qui est beaucoup plus petite. Certains sont en cours de formation : les cylindres sont encore à même un cytoplasma grenu, sans vacuole périphérique. D'après ANDERSON, comme d'après JOYON, ils seraient d'origine golgienne. Une telle origine est cependant difficile à admettre, le Golgi étant localisé dans l'axe de la cellule. On comprendrait qu'il puisse donner naissance aux organites péripharyngiens. Mais les cuticulaires en sont très éloignés : formés dans le centre, ils auraient un important trajet à parcourir avant d'atteindre leur place. Chez les Cryptomonadines plastidiées, où ils sont identiques, il leur

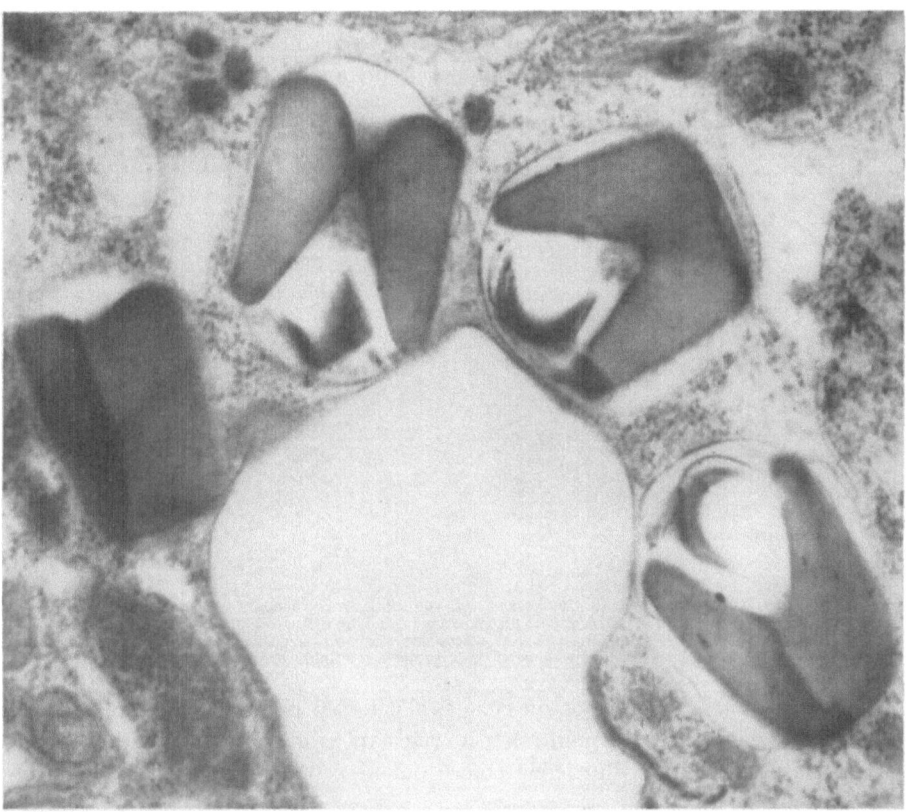

Fig. 19. Trichocystes pharyngiens quiescents de *Chilomonas paramecium* : sur trois d'entre eux, les deux constituants sont visibles. Cliché Joyon, × 30.000. Pour détails, cf. schéma, fig. 20.

faudrait contourner le plaste. Par contre, il y a du chondriome partout où on les rencontre, et ils arrive qu'ils soient demi-engagés dans les corps mitochondriaux, de sorte que l'on est tenté de voir là leur véritable origine, ainsi que l'a déjà supposé DE HALLER (1961) pour ceux des *Paramecium*. L'explosion, comme l'a indiqué HOLLANDE, constitue un procédé de locomotion par réaction, comme nous le rencontrerons plus bas chez *Gonyostomum*.

2. Discobolocystes

Ils n'ont été décrits, jusqu'alors, que chez les Chrysomonadines, et non étudiés au microsope électronique. D'abord signalés chez *Cyclonexis annularis*, par HOVASSE, en 1948, ils ont été retrouvés depuis chez d'autres formes du même groupe (fig. 21) par BOURRELLY (1954) et par SKUJA.

Ils n'ont été étudiés que sur le vif, car ils sont difficiles à fixer, explosant au moindre contact ou au moindre changement de pH. Grâce aux colorants vitaux employés avec ménagement, on peut, néanmoins, décomposer leur explosion en deux temps. On obtient, tout d'abord, le gonflement d'une vacuole ellipsoïdale, sous-cuticulaire qui fait hernie sous la membrane, puis se soulève progressivement, sortant, pour ainsi dire, de la cellule. Cette vacuole est fermée en avant par un disque fortement colorable, axé par une petite tige. Elle renferme, selon son axe, le cône explosif. Dans un second temps, se produit l'explosion véritable qui projette violemment le disque à plusieurs diamètres cellu-

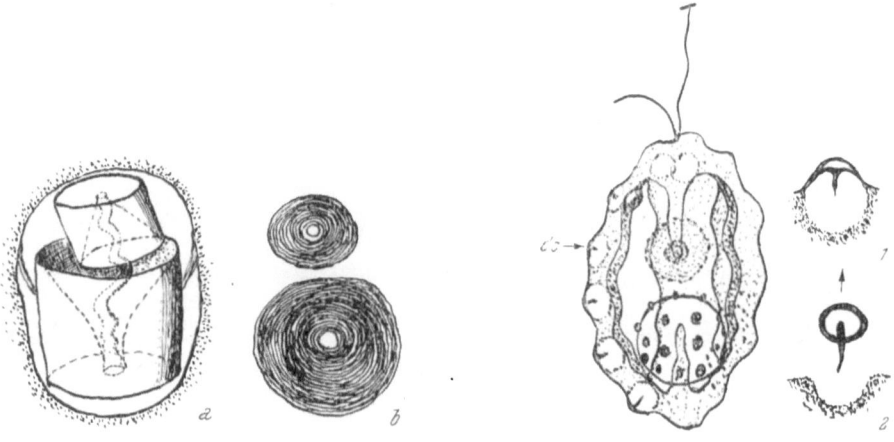

Fig. 20.   Fig. 21.

Fig. 20. Schéma d'akontobolocystes de *Chilomonas* : *a*, vue totale de la vacuole : les deux cylindres creusés en entonnoir, et le tube d'union. *b*, aspect du feuilletage des deux cylindres, en section transversale.
Fig. 21. *Ochromonas hovassei* Bourrelly, avec ses discobolocystes prêts à éclater, à gauche ; deux temps de l'éclatement, à droite, avec, en 2, projection d'un disque mucroné.

laires. Il ne reste aucune trace du cône explosif. Cependant, à l'aide de solutions concentrées de colorant, on peut ralentir cette explosion et obtenir, vers l'intérieur, cette fois, la formation d'un cône coloré qui ne se dissoud pas instantanément (explosion « en queue de rat »).

Quand la vacuole éclate sans s'être dégagée de la cellule, le recul balistique, produit par l'explosion, dilacère l'élément : cet organite de « défense » peut donc aussi devenir organite d'« autodestruction ».

En ce qui concerne les fonctions possibles de ces trichocystes, elles ont été, maintes fois, discutées (Krüger, 1930). La majorité des auteurs y a vu des organes de défense. On a pensé, également, à des organes de fixation temporaire.

Wohlfahrt-Bottermann (1952), par une étude rationnelle de ces fonctions, a montré, tout d'abord, que les trichocystes de *Paramecium* ou de *Frontonia* sont expulsés régulièrement par la cellule, sans qu'il soit besoin d'un excitant particulier, d'où l'hypothèse qu'il s'agit d'un processus d'excrétion. Selon, en effet, la concentration du milieu où vit le Cilié, en substances minérales, les trichocystes expulsés sont plus ou moins riches en Ca, Na, ou en K. Il s'agirait ainsi d'organites osmo-régulateurs.

Ceci n'infirme cependant pas la possibilité de leur fonctionnement en organites de défense. Il y a, incontestablement, projection de la pointe des trichocystes, là où elle existe. Cette pointe est dense aux électrons, peu déformable. Sa vitesse de projection lui donne une force vive suffisante pour perforer des téguments d'autres Protistes ou même de petits Métazoaires ; mais, ceci, à une distance qui ne peut dépasser la longueur de l'élément étendu, soit, au maximum, une trentaine de μ pour *Paramecium caudatum*. On objecte, au vu d'une classique figure de MAST, vulgarisée par DOFLEIN, que cette projection n'a pas d'action sur les *Didinium* prédateurs. C'est, vraisemblablement, que ceux-ci sont capables, hors de portée de la Paramécie, d'en faire éclater les trichocystes, grâce aux leurs, plus efficaces. Ils peuvent ensuite dévorer leur proie, devenue sans défense.

En ce qui concerne l'origine des akontobolocystes, les seuls documents positifs que nous possédions, sont les observations de CHATTON et des LWOFF (1931).

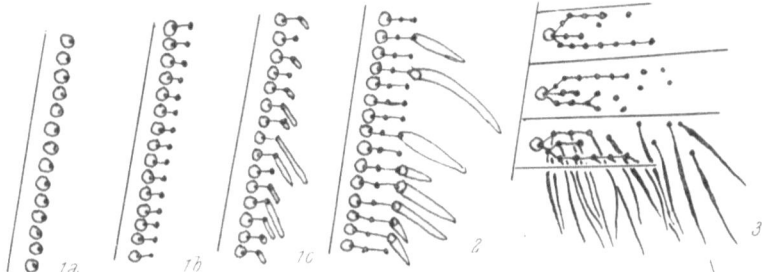

Fig. 22. Trichocystogénèse, et trichitogénèse, d'après CHATTON et coll. 1 *a, b, c*, formation des trichites chez *Gymnodinioides*. 2, formation des trichocystes chez *Polyspira* ; 3, chez *Foettingeria*.

Chez certains Apostomes des genres *Gymnodinioïdes*, *Polyspira* et *Foettingeria*, il existe, à certains stades, une trichocystogénèse rapide qu'ils ont pu étudier. Leurs figures (fig. 22) ne laissent aucun doute : à partir de chaque cinétosome, il se forme un trichocystosome restant uni à lui par une desmose, et à partir duquel se forme, en profondeur, le trichocyste. Chez *Foettingeria*, le même processus, plus compliqué, conduit à des paquets de trichocystes. On retrouve donc, là, un des modes de formation déjà admis pour certains rhabdites.

Il n'est cependant pas certain que le procédé soit général : chez *Gonyostomum semen*, les trichocystes dont CHADEFAUD (1937) et HOVASSE (1945) ont étudié la formation, et qui sont examinés plus bas, apparaissent, petits, en profondeur, autour du noyau et de la couronne du Golgi, et grossissent en se rapprochant de la surface. Il faut noter qu'ils régénèrent beaucoup moins facilement que ceux des Paramécies ou des *Frontonia*. La méthode de WOHLFAHRT-BOTTERMANN a été utilisée pour étudier cette reformation chez *Paramecium* par YUSA (1963). Il affirme, après étude de microscopie électronique, que les trichocystes se reforment dans l'endoplasme, et sans relation avec les cinétosomes. Ils viennent ensuite se disposer dans le cortex. L'absence d'une étude sur coupes sériées laisse cependant subsister un doute sur cette affirmation.

C. Les Trichocystes urticants

La troisième catégorie de F. Krüger comprend les *Nesselkapseltrichocysten* c'est à dire les trichocystes à filament urticant, encore appelés trichocystes toxiques ou toxicystes. Ce dernier terme, dû à VISSCHER (1923) a l'avantage de la brièveté, mais la définition qu'en donne son auteur semble porter à confusion, car elle conduit à considérer ces éléments comme de simples vésicules d'où serait · chassée la substance toxique par une contraction, sans qu'il y ait de filament préalable (Dragesco), elle s'appliquerait donc aussi à la catégorie précédente d'éléments.

Les trichocystes urticants sont particulièrement fréquents chez les Ciliés prédateurs, surtout chez les Gymnostomes : ils paraissent également exister chez les Péridiniens.

Beaucoup ont été décrits par Pénard, mais Krüger est le premier à les avoir étudiés avec des moyens suffisants, en particulier chez les *Prorodon*. Il en a donné, en 1934, une description à laquelle les études ultérieures, même effectuées au microscope électronique ont apporté fort peu de compléments.

Ces organites sont généralement localisés autour de la bouche (*Prorodon*, *Lacrymaria*) ou sur les lèvres (*Spathidium*), mais ils peuvent aussi être portés à l'extrémité des tentacules, soit, par paquets, comme chez *Legendrea* ou encore, par unité, comme chez *Actinobolina*.

Chez *Prorodon teres*, le trichocyste quiescent mesure 13 μ de long (fig. 23 b) : c'est un cylindre qui parait terminé à chaque extrémité par un granule brillant. Après extension, (fig. 23 a) ce cylindre ne varie pas, sinon en s'éclaircissant. C'est la *capsule* de l'organite qui s'est vidée. Elle est prolongée, tout d'abord, par le *tube*, de calibre plus faible et dont la longeur atteint 26 μ, soit le double de celle du cylindre capsulaire, puis, par un filament de plus petit calibre et d'apparence pleine, le *filament terminal* mesurant 13 μ et séparé du reste par un petit granule. De l'examen des explosions incomplètes et de ses autres observations minutieuses, Krüger déduit un schéma de l'organite quiescent (fig. 23 c) : un tube cylindrique fermé à une extrémité et à demi bouché à l'autre par un anneau au niveau duquel s'invagine vers l'intérieur un filament enroulé et que l'explosion retourne ensuite en doigt de gant formant le tube. Le filament

Fig. 23. Trichocystes toxiques, d'après F. Krüger. Trichocystes de *Prorodon* : *a*, après éclatement; *b*, avant éclatement. *c*, schéma du même trichocyste, supposé au repos.

terminal apparait ensuite, provenant de la substance interne qui s'écoule par la lumière du tube jusqu'à l'extérieur. On peut penser qu'il est fait de substances toxiques, préalablement logées dans la capsule entre sa paroi et le tube invaginé. Ce serait, en somme, le toxique, et au moins, pour une part, l'explosif.

Wohlfahrt-Bottermann et Pfefferkorn (1953) et Dragesco (1957) ont repris les uns et les autres ces recherches sur plus de 25 types différents, mais les observations faites sur frottis, avant ou après l'explosion, n'apprennent, même par le microscope électronique, que des détails. Fauré-Frémiet a réétudié les mêmes organites sur coupes ultrafines sans d'autres résultats. Ces structures sont donc très banales.

Le rôle de ces organites est, cependant, extrêmement frappant. Dès qu'une proie est atteinte par l'extrémité des filaments projetés et qui pénétrent généralement son tégument en le perforant, elle est paralysée. Si le chasseur ne la consomme pas de suite, elle se désintègre spontanément. Parfois aussi, la proie reste reliée au chasseur par les filaments éjectés (DRAGESCO). Ce serait, en particulier, le cas offert par les *Actinobolina* tels que les ont vus ERLANGER, DELAGE, PÉNARD, puis CALKINS[1]. Leurs tentacules, allongés radialement comme des rayons de 2 à 3 diamètres autour de l'Infusoire immobile, forment ainsi une zone de chasse qui mime celle d'un Héliozoaire ou d'un Acinétien. Une proie vient-elle à frapper l'extrémité de l'un d'entre eux, le trichocyste qui se trouve là, explose — les auteurs cités sont formels sur ce point — et le filament formé, pénétrant dans la proie, lui permet de ramener celle-ci jusqu'à ses propres cils qui la conduisent ensuite à la bouche.

Ces organites une fois déchargés régénèrent très rapidement. DRAGESCO cite l'expérience suivante : un *Dileptus* est placé en présence d'un grand nombre de proies qui provoquent la dépense totale de ses munitions : 70 à 80 tirs successifs le rendent totalement inoffensif. Laissé au repos quelques heures, la chasse peut être reprise à nouveau. Cette régénération est donc aussi rapide que chez *Paramecium* ou *Frontonia* (WOHLFAHRT-BOTTERMANN, 1952).

L'origine des trichocystes toxiques n'est pas mieux connue que celle des autres : cependant, elle semble bien ne pas dépendre des cinétosomes. Chez *Pseudoprorodon*, FAURÉ-FRÉMIET pense avoir reconnu certains stades de cette génèse à partir des fibres élémentaires présentes dans les paquets de trichocystes mûrs, et évoluant sur place, PÉNARD avait déjà fait des observations analogues chez *Spathidium*.

Tous les auteurs qui ont étudié ces trichocystes urticants les ont comparés aux cnidocystes : il semble cependant que cette ressemblance reste, assez lointaine ; nous reviendrons, plus bas, sur ce problème.

Trichocystes toxiques des Péridiniens

Ils restent encore à étudier, pour la plupart, leurs effets seuls ayant été reconnus. B. BIECHELER observant la prédation, chez divers Péridiniens nus, ou à faible tabulation, a constaté que des formes possédant des trichocystes, d'apparence relativement simple, peuvent capturer des Ciliés aussi gros qu'eux, à condition que le heurt du prédateur et de la proie se produise à l'endroit précis du corps du Péridinien où se trouvent ces trichocystes.

Gyrodinium pavillardi se nourrit ainsi de diverses espèces de Péridiniens mais aussi de gros *Strombidium* à la puissante ciliature. Dès qu'il y a contact

---

[1] La meilleure description de ce curieux organisme est celle d'ERLANGER: Zur Kenntnis einiger Infusorien. Zeit. f. wiss. Zool. 1890, 49, p. 649—661, Pl. 29. Il a été dessiné également par CALKINS, The Protozoa, 1901, p. 51. FAURÉ-FRÉMIET a représenté lui aussi un *Actinobolina*, mais dont les trichocystes paraissent différents de ceux des descriptions précédentes : ils n'explosent pas et FAURÉ les considère plutot comme des trichites (1924. Contribution à la connaissance des Infusoires planktoniques. Suppl. Bull. Biol. Fr. et Belg., p. 17, fig. 3).

de ceux-ci avec la pointe de l'hypocône du Flagellé, le Cilié s'immobilise comme foudroyé, il est entraîné contre son prédateur qui l'engloutit en entrouvrant les lèvres de son sillon axial, près de l'extrémité postérieure. Il est évident que cet arrêt, puis, cette traction sont dûs à des trichocystes toxiques.

Il semble qu'il en est de même pour les Trichocystes de *Polykrikos schwartzii*. Reconnus et figurés pour la première fois par FAURÉ-FRÉMIET, en 1913, ils existent également chez *Polykrikos hartmanni*. Ce sont des fuseaux, plus ou moins rectilignes, dont l'explosion est polarisée dans le sens longitudinal mais se produit, expérimentalement, toujours vers l'intérieur de la cellule, l'extrémité

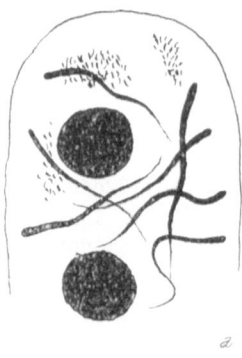
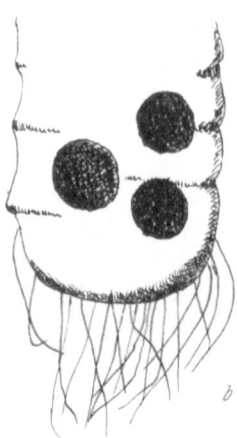

Fig. 24. *Polykrikos schwartzii:* a, trichocystes explosés par l'action du fixateur, en « queue de rat » ; trois paquets de trichites, et deux noyaux (Rio Hortega). b, explosion réputée naturelle, fixation HIRSCHLER ; deux noyaux, et une proie.

du trichocyste restant fixée à une maille du réseau argentophile de surface. L'explosion a lieu ainsi en «queue de rat» (fig. 24a) et le tube formé montre, après fixation par les liqueurs osmiées, une surface striée en spirale, indice d'une structure de l'enveloppe. Cette explosion n'est pas physiologique, contrairement à ce qu'ont pensé, autrefois, CHATTON, FAURÉ-FRÉMIET ou HOVASSE. Ce dernier a observé, récemment (1963), sur un *Polykrikos* fixé au liquide de Hirschler, tous les trichocystes de la région postérieure du corps explosés en direction externe en tubes fins, cylindriques, et relativement allongés (fig. 24b). Etant donnée la finesse même de ces tubes, il est possible qu'ils soient difficiles à voir sur le vif. Mais, et c'est là où leur caractère de trichocystes toxiques devient vraisemblable, l'explosion externe de tels éléments permet de comprendre comment les *Polykrikos* parviennent à se nourrir de toutes sortes de proies, même aussi vigoureuses et rapides que des larves polytroques d'Annélides, ou que des Rotifères, proies qui sont, du reste, aussi grosses qu'eux. L'acte de prédation n'a cependant jamais encore pu être saisi sur le vif.

D. Les Trichocystes aberrants

Les trois catégories précédentes groupent la majeure partie des trichocystes. Il en est cependant, encore, d'autres qui en diffèrent morphologiquement ou que leur structure, mal connue, ne permet pas de classer avec certitude. La petite taille de ces éléments nécessite, en effet, une étude au microscope électronique qui reste, le plus souvent, à faire.

KRÜGER a déjà noté, en 1936, des types aberrants chez les Ciliés : ceux de *Metopus sigmoïdes* qui, quiescents, auraient deux têtes, une à chaque extremité. Egalement ceux d'*Hemicyclium lucidum*, décrits par PÉNARD sous le nom de *Microthorax haliotideus*, et dont les types de trichocystes se retrouvent chez

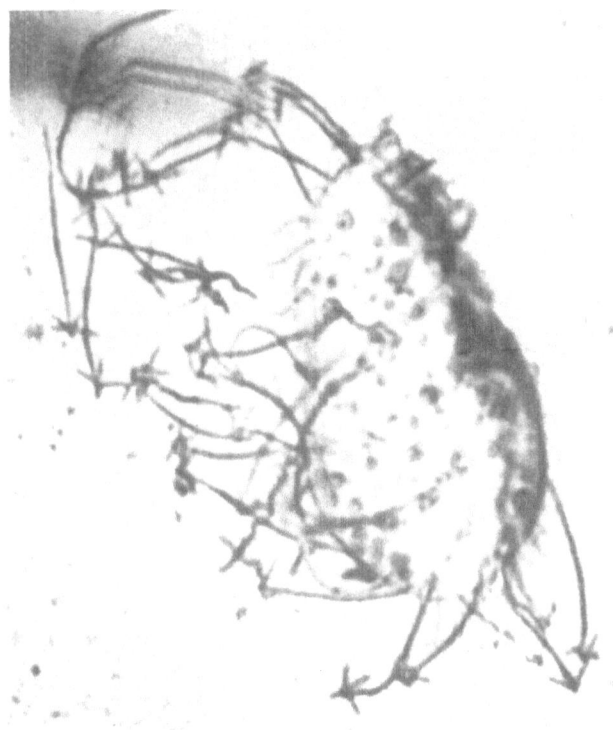

Fig. 25. Les trichocystes du Cilié *Leptopharynx costatus*, explosés au moment de la fixation osmique. Noter les 4 branches écartées à l'extrémité de chaque trichocyste éclaté. Cliché A. Prelle × 2000.

plusieurs autres formes de Ciliés, en particulier *Pseudomicrothorax dubius*, *Leptopharynx costatus*, de la famille des *Trichopelmidae*. Quiescent, le trichocyste a la forme banale d'une navette homogène, présentant toutefois un axe plus ou moins reconnaissable. PÉNARD (1924) en a obtenu l'explosion, en deux temps, par son réactif habituel, la glycérine carminée. Tout d'abord, une saillie de tous les trichocystes le long de leur ligne d'insertion, qui représentent, ici, les cinéties. Puis, l'explosion vraie qui projette un filament dont l'extrémité se développe en 3 ou 4 rayons qui font penser aux baleines d'un parapluie que l'on ouvre normalement, ou qui se retourne (fig. 25). Au microscope électronique, nous avons pu noter que le tube formant le « manche de parapluie » est un prisme plein aussi large que 6 ou 7 cils accolés. Nous n'y avons pas vu de structure périodique. Les pseudobaleines qui sont iodophiles (CHADEFAUD) sont préformées et aplaties contre l'extrémité de l'axe, avant l'explosion. Le tout est renfermé dans une même vacuole, à paroi double.

Chez *Leptopharynx costatus* de Pénard, l'explosion fournit un faisceau de 4 baguettes légèrement divergentes et terminées chacune par une petite sphere. Chez *Hemicyclium lucidum*, l'extrémité de l'axe montre une sorte de trèfle à quatre feuilles. Enfin, Kahl (1930), chez *Platyophyra armata*, montre à l'extrémité des axes, après explosion, un bouton en forme de champignon. Tous ces trichocystes fort curieux sont, évidemment, à réétudier avec des moyens modernes.

Je décrirai enfin deux types de trichocystes mucifères qui ne rentrent pas dans les catégories examinées, tout du moins, tant qu'une étude au microscope électronique n'en a pas été faite.

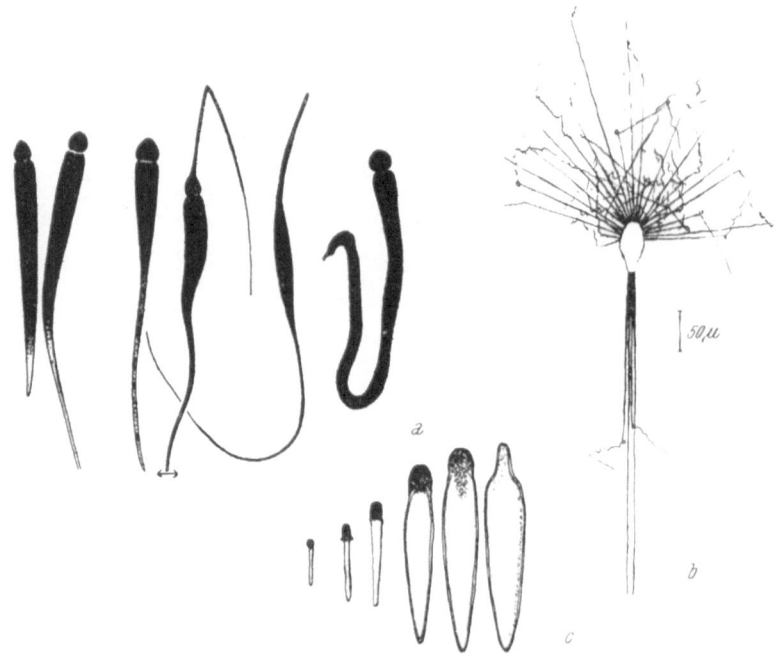

Fig. 26. Trichocystes de *Gonyostomum semen* : *a*, explosions anormales, d'après M. Chadefaud. *b*. explosion normale, simultanée et totale, obtenue par action du Bleu de crésyle. *c*, trichocystogénèse, de gauche à droite, à partir de la région nucléaire, jusqu'à la surface (d'après Hovasse).

Le premier concerne la Chloromonadine *Gonyostomum semen*, particulièrement riche en trichocystes mucifères, en fuseau, avec une tête globuleuse ou ogivale et une paroi distincte et relativement épaisse, mise en évidence par Chadefaud (1937) et par Hovasse (1945)[1]. Lors de l'explosion (fig. 26a, b) il y a formation d'un filament mais qui n'est nullement préformé. Comme l'a constaté Chadefaud, il peut, sur l'organite isolé, se développer à chacune de ses extrémités. L'explosion vers l'intérieur est anormale en « queue de rat », s'effilant à partir de la base. Par contre, l'explosion vers l'extérieur, la seule qui se produise *in situ*, donne toujours naissance à un cylindre de mucus, comme si la tête servait de filière.

---

[1] Une étude récente au microscope électronique s'est montrée décevante : le contenu de l'organite est très dense, et semble homogène. Une seule différenciation apparait, à la partie antérieure, justifiant l'hypothèse d'une filière.

L'explosion en est, néanmoins, polarisée dans le sens longitudinal, et, quand elle se produit normalement, elle donne naissance à un long fil de mucus toujours vers l'extérieur de la cellule. Il est possible de provoquer l'explosion réflexe en touchant le flagelle: les trichocystes en question sont répartis sur toute la face antérieure du Flagellé, ici cordiforme et qui progresse l'extrémité dilatée en avant. Un choc contre le flagelle ou le bord antérieur de la cellule se traduit par des explosions de trichocystes antérieurs et par un bond en arrière de l'organisme. Il existe, à l'extrémité postérieure du corps, un paquet de gros trichocystes, formant une sorte de « batterie caudale » dont les éléments éclatent parfois en

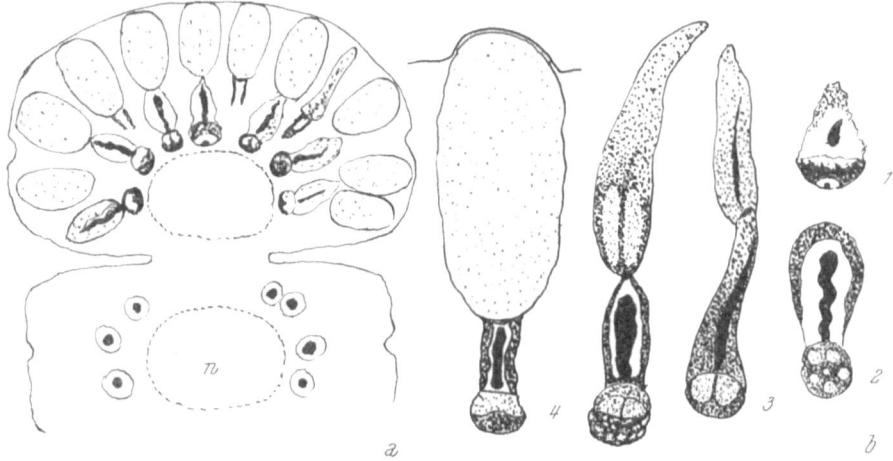

Fig. 27. *Phaeopolykrikos beauchampi* : *a*, esquisse des deux premiers zoïdes de l'organisme, ici, tétraénergide. Contour des noyaux, *n*. Les organites mucigènes sont seuls représentés, rayonnant entre les noyaux et la périphérie, dans le zoïde supérieur; en coupe transversale, dans le zoïde inférieur. *b*, 4 stades successifs de la trichocystogénèse. × 2500.

série, après un simple choc près de cette règion du corps : la cellule bondit en avant, se déplaçant très vite sur 100 à 200 μ. L'organisme se dérobe ainsi aux agressions du milieu dans un sens adaptatif.

Au cours de la saison froide, les *Gonyostomum* subsistent dans la vase, en état de vie ralenti : ils apparaissent alors littéralement bourrés de trichocystes, disposés cette fois sans ordre à la périphérie, où ils prennent partiellement la place occupée normalement par les plastes, repoussant ceux-ci quelque peu en profondeur. Ceci indique que la production des trichocystes parait continue, et qu'elle n'est pas commandée par leur dépense. Il peut donc se faire que, comme l'a supposé WOHLFAHRT-BOTTERMANN pour les Ciliés, ils constituent un produit d'excrétion cellulaire, ce qui n'exclue du reste pas un autre rôle possible.

Le second concerne encore un *Polykrikos*, mais chlorophyllien, *Phaeopolykrikos beauchampi* CHATTON (1934), organisme marin, qui n'a été que très sommairement décrit en raison de sa complexité. Il renferme des trichocystes mucifères particulièrement compliqués. Rayonnant à partir de chacun des quatre noyaux du Péridinien vers la membrane cellulaire et séparant les uns des autres les rayons des chloroplastes, il y a des séries d'éléments colorables au Rouge Neutre et dont chacune est constituée par trois éléments mucifères à des degrés de développement différents (fig. 27).

Au contact de la pellicule, se trouve le plus mûr, forte vacuole ellipsoïdale qui soulève même légèrement celle-ci. Il est facile d'en observer l'explosion : écoulement rapide par gonflement dans l'eau de mer. A un stade moins évolué, on trouve, à la même place, un corps plus dense ayant davantage l'aspect d'un trichocyste et prenant fortement le Rouge Neutre. A son extrémité interne, c'est à dire proximale, il prolonge un corps ovoïde plus petit, plus dense encore et qui semble sa propre ébauche. Enfin, ce dernier porte, à son extrémité interne, une petite sphère dont seule l'écorce proximale, peu éloignée du noyau, est colorable par la teinture vitale. Tout se passe comme si ces trois éléments successifs marquant trois états formant série, se développaient à partir du voisinage du noyau vers l'extérieur. Il est possible que la sphère interne soit une sorte d'organe formateur constant d'où sont issues les autres. Il y en a de 20 à 30 par énergide. Sur l'axe des rangées, on reconnait des granules sidérophiles, d'apparence centrosomienne : il n'est donc pas impossible que ces éléments se forment à partir ou au contact des cinétosomes qui sont, ici, accolés à la masse nucléaire.

Nous sommes fort loin des corps mucifères ou des protrichocystes : il semble que la série morphologique que nous suivons conduise directement aux nématocystes des Péridiniens et à ceux des Coelentérés. Une fois de plus, nous devons noter l'extraordinaire diversité de tous ces éléments trichocystoïdes si répandus chez les Protistes libres.

Chapitre II

Les Cnidocystes

Il existe des cnidocystes ou organites analogues dans trois groupes zoologiques bien distincts : les Péridiniens, les Cnidosporidies et les Cnidaires. Nous n'envisageons ainsi toutefois que les êtres que CHATTON qualifiait d'*autocnides*, c'est à dire qui fabriquent leurs propres cnidocystes, par opposition à ceux qu'il dénommait *kleptocnides*, parce qu'ils ne disposent que de cnidocystes dérobés, en quelque sorte, à des organismes de la première catégorie.

C'est ainsi que divers Spongiaires, certains Platodes, tels que *Microstomum lineare*, ou que beaucoup de Mollusques Aeolidiens, hébergent d'abondants cnidocystes quand on les prend dans leur milieu naturel. C'est qu'ils sont normalement prédateurs sur des Hydraires ou Hydrozoaires : élevés avec une alimentation totalement exempte de Cnidaires, ils en sont toujours dépourvus.

Etant données les différences existant entre les trois types d'organismes autocnides, nous les étudierons séparèment.

I. Les Capsules polaires ou Cnidocystes des Cnidosporidies

Myxosporidies, Actinomyxidies et Microsporidies possèdent des organites sporaux caractéristiques consistant en une vacuole à paroi épaisse qui renferme un filament enroulé, susceptible de s'étendre explosivement et de jouer alors un rôle, le plus souvent fixateur. On considère ces capsules polaires comme l'équivalent des cnidocystes.

Chez les Myxosporidies, ces capsules polaires se forment généralement par paire dans chaque spore : celles-ci prennent naissance, à leur tour, par paires dans un pansporoblaste, territoire isolé par une membrane du reste du plasmode, forme trophique de ces organismes. Chez *Myxobolus*, ainsi que l'a décrit THÉLOHAN, dès 1895, et ainsi qu'il a été confirmé maintes fois depuis lors, la masse du pansporoblaste se divise en deux moitiés qui deviennent chacune une spore. Dans celles-ci, les masses plasmodiales restantes se divisent chacune en trois : l'une est le germe binucléé, les deux autres les cnidoblastes. Une enveloppe bivalve et bicellulaire renferme le tout.

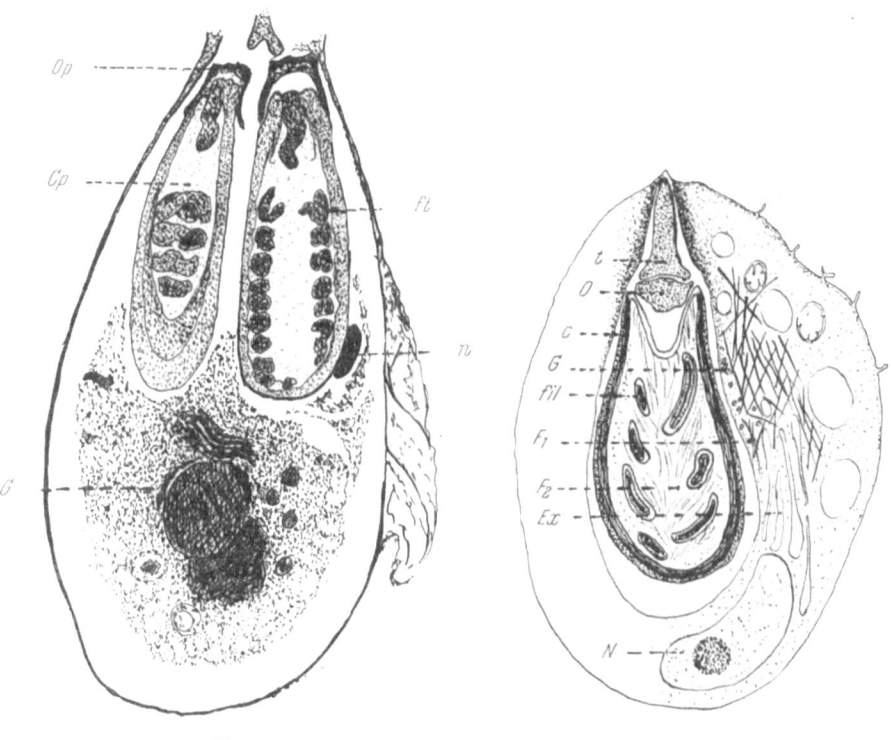

Fig. 28.   Fig. 29.

Fig. 28. Spore de *Myxobolus*, d'après CHEISSIN, au microscope électronique. Au dessus du germe *G*, probablement binucléé, les deux capsules polaires, *Cp*, avec leur opercule, *Op*, et leur filament plein, *ft*. La capsule de droite montre son noyau capsulaire, *n*.

Fig. 29. Spore de *Sphaeractinomyxon amanieui* de Puytorac. Capsule polaire, dans sa cellule mère ; *t*, tigelle ; *O*, opercule ; *c*, enveloppe capsulaire ; *G*, Golgi ; *fil*, coupes du filament invaginé ; F_1 fibres de la cellule mère ; F_2 fibres de la capsule ; *Er* et *N*, ergastoplasme et noyau de la cellule mère. × 6000.

Dans chaque cnidoblaste, il apparait une vacuole centrale, vers l'intérieur de laquelle, au voisinage, semble-t-il, du centrosome, fait hernie une saillie cytoplasmique, qui s'allonge en un filament. Celui-ci s'enroule, tandis que la paroi de la vacuole se durcit devenant la membrane capsulaire.

Le noyau du cnidoblaste forme le seul résidu cellulaire, il disparait, du reste, plus ou moins, par la suite.

Une excitation physique, mécanique ou chimique provoque l'éclatement de la capsule, le filament étant projeté par un orifice préformé. Pour les uns, il y aurait retournement en doigt de gant, pour d'autres, le filament serait plein et projeté ainsi. Quoiqu'il en soit, il peut s'ancrer dans l'épithélium intestinal de l'hôte qui a absorbé la spore.

6*

Les seules variations enregistrées concernent la taille des capsules, leur nombre par spore, généralement compris entre 1 et 3, la longueur des filaments.

Une étude au contraste de phase et au microscope electronique vient d'être donnée par Cheissin (1961) des spores de deux espèces de *Myxobolus* provenant des fleuves russes (fig. 28). On y note l'importance de la membrane capsulaire, 3 à 4 fois plus épaisse que celle de la spore, coiffée au sommet par un opercule puissant, déjà visible au contraste de phase et qui n'avait jamais été signalé.

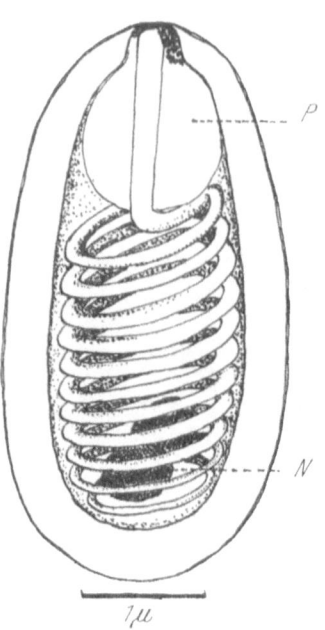

Fig. 30. Spore de la Microsporidie *Nosema locustae*, d'après Huger. *P*, le polaroplaste. *N*, les deux noyaux du germe, tout autour, le filament conique.

Le filament d'apparence pleine est constitué par des fibrilles dont le nombre n'a pu être précisé. Ce filament est conique dans l'ensemble. Cheissin pense qu'il est fait de deux brins enroulés l'un autour de l'autre, ce qui se conçoit difficilement, car l'explosion, qu'il n'a pas vue, ne montre jamais qu'un seul filament. Peut-être y a-t-il deux enroulements, l'un dans l'autre, assez lâches pour que les brins chevauchent plus ou moins sur les coupes.

En ce qui concerne les Actinomyxidies, leurs spores sont plus compliquées. Les capsules polaires d'un *Sphaeractinomyxon* viennent d'être étudiées par de Puytorac (1963, fig. 29). Elles se forment dans des cellules particulièrement riches en ergastoplasme et en réserves. Elles renferment en outre des éléments fibrillaires abondants, à structure périodique, entourant la capsule. Celle-ci présente une paroi épaisse complexe, faite d'une couche externe grenue, et d'une couche interne faite de nombreuses strates superposées. Le filament est une invagination de la couche interne, selon une spire irrégulière en un petit nombre de tours. Il est dans l'ensemble conique et creux, sa lumière, importante, puisqu'elle mesure près d'1/3 de micron, étant remplie par une substance dense. Un opercule lenticulaire clot l'orifice capsulaire, surmonté d'une tigelle en forme de clou, et dont la tête élargie, s'articule sur lui. De Puytorac pense qu'il s'agit d'une sorte de cnidocil, mais cet élément semble une formation paracristalline, qui évoquerait plutôt la « pointe » des trichocystes de Paramécie. Quand au contenu capsulaire, il est en grande partie constitué par des faisceaux de fibrilles très fines, probablement macromolécules protéiques.

Chez les Microsporidies, les spores sont plus petites : celles de *Nosema pulvis* ne mesurant que 1,25 × 1 μ. Par contre, celles de certains *Mrazekia*, *M. argoisi* atteignent 20 × 3,5 μ. Toutes ces spores ont, dans leur ensemble, été beaucoup étudiées, mais étant donné leur taille, avec des résultats souvent discordants. On sait, néanmoins, qu'elles présentent deux types morphologiques distincts, avec un caractère fondamental commun : elles n'ont, jamais, de membrane capsulaire. La vacuole qui renferme le filament est comprise *dans* la cellule-germe, généralement binucléée. En ne tenant compte que des descriptions faites à l'aide du microscope électronique, la structure de la spore de *Nosema locustae* semble la mieux établie. Le filament a une structure de flagelle avec $9 + 2$ fibres, il serait, en gros conique, son diamètre allant de 2300 Å à sa base à 700 Å à sa pointe. A ce niveau, les fibrilles se toucheraient. Huger, qui fournit ces détails, décrit, près de l'origine du filament, une masse sphérique de nature lamelleuse, et qu'il nomme « polaroplaste ». Elle représenterait en quelque sorte, l'explosif de la spore (fig. 30).

Les spores de *Mrazekia* sont assez différentes. Léger et Hesse qui les ont décrites, en 1916, y remarquent, invaginé à partir du pôle antérieur de la spore, un tube allongé, le *manubrium*, de calibre relativement fort et qui s'étend presque jusqu'à l'extrémité postérieure où il se continue par un *filament récurrent* grêle qui remonte jusqu'au pôle antérieur en décrivant une douzaine de spires. Dans l'explosion normale, il y a dévagination régulière de tout cet ensemble tubulaire.

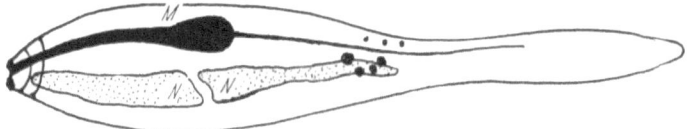

Fig. 31. Spore de la Microsporidie *Mrazekia ! umbriculi*, d'après P. de Puytorac. *M*, manubrium, suivi du filament non spiralé. *N*,. es deux noyaux. A gauche, la coupe du filament, présentant une ultrastructure de flagelle.

De Puytorac a étudié, récemment, une autre *Mrazekia, M. lumbriculi*, en coupes ultraminces. Cette forme qui parait différer de celles étudiées par Léger et Hesse, en ce qu'elle est caudée et dépourvue de filament spiral, est conforme aux vraies *Mrazekia*, au sens de Jirovec (1936). Le filament y existe, court, se prolongeant sur toute la longueur du manubrium, et selon son axe, venant buter en avant contre une sorte d'opercule. Le manubrium ne parait pas s'homologuer à l'ampoule, ou à la hampe des cnidocystes habituels. Il est, d'autre part, pourvu, en avant, de tout un appareil compliqué qui fait penser aux épines de la hampe des cnidocystes. Le filament présente, au moins sur une partie, l'ultrastructure d'un flagelle, avec fibrilles, mais qui ne sont pas toujours au nombre fatidique de neuf. La dévagination, ou plus simplement, l'explosion, n'a pas été vue (fig. 31).

On sait que, malgrè l'apparence pleine du filament, beaucoup d'auteurs le considèrent comme tubulaire, et pensent même qu'il peut laisser passer, dans sa lumière, le germe amiboïde et ses deux noyaux. Cette opinion a été soutenue à plusieurs reprises : par Morgenthaler (1922), par Ohshima (1937) par Gibbs (1953). Elle l'est encore par Lom et Vavra (1961). Ceci impliquerait que la structure de flagelle ne soit que transitoire, et que, ainsi que le pensait Chatton, pour les cnidocystes, elle serve de moule à un tube, avant de disparaitre par autolyse. Il faut ensuite que ce tube soit assez élastique pour laisser circuler des noyaux dont le diamètre est certainement 4 à 5 fois supérieur à celui du tube au repos : certaines figures d'explosion montrent une goutte qui aurait été exsudée par l'extrémité du filament tubulaire et dans laquelle se reconnaitraient les deux noyaux du germe. Chez *Mrazekia*, ces noyaux sont du reste allongés et de petit diamètre ; néanmoins, celui-ci reste encore supérieur au diamètre du tube.

On a pu alors se demander s'il ne faudrait pas plutôt admettre l'opinion soutenue par Dissanaike et Cunning (1957).

D'une étude de l'émission du sporoplasme chez *Nosema helminthorum* et *N. locustae*, ils concluent que le filament, plein et enroulé en spirales dans la spore, est fixé par son extrémité habituellement libre à la membrane sporale.

Il serait expulsé en bloc, hors de la spore, et le sporoplasme serait ensuite tiré en dehors par la déspiralisation du filament. Les auteurs font état de l'opinion de Krieg qui aurait reconnu (1955) au microscope électronique que le filament de *Plistophora melolonthae* est plein.

Lom et Vavra reviennent enfin sur ce problème en 1963, en étudiant les spores de *Plistophora hyphessobryconis*, parasite commun des Poissons d'aquarium : ils en obtiennent régulièrement l'extrusion du filament à l'aide de H_2O_2, et parviennent à la retarder expérimentalement à volonté par l'emploi de liquides sucrés de pression osmotique connue. Ils arrivent ainsi à démontrer que la pression interne, au moment de l'explosion normale est d'une soixantaine d'atmosphères. Elle semble due au gonflement du « polaroplaste », et a pour conséquence le retournement en doigt de gant du filament, dont la lumière se dilate et permet le passage du ou des noyaux. Le problème se trouve donc ainsi tranché, et nous verrons qu'il l'est de la même façon que celui posé par les nématocystes.

Dans un autre genre de Microsporides, *Bacillidium*, il existe des spores qui n'ont pas de filament, mais seulement un manubrium. Jirovec (1936) l'a figuré comme étroit et fixé à la pointe antérieure de la spore par un petit bouton brillant au fond noir et qui évoque un opercule. De telles figures, qui sont comparables à celles des cnidocystes de *Polykrikos hartmanni*, demandent une étude au microscope électronique.

Malgré ces incertitudes, que seul cet appareil est en mesure de lever, et étant donnée la position taxinomique des Cnidosporidies, plus proches pour certains Zoologues des Métazoaires que des Protistes, il est intéressant de noter que les derniers organites urticants examinés se rapprochent des trichocystes, organites de Protistes. Ceux des Myxosporidies nous ont fait d'avantage penser aux vrais cnidocystes, qu'il nous reste à étudier.

II. Les Cnidocystes des Péridiniens

Le terme de cnidocyste est justifié dans ce groupe par l'existence des organites de *Polykrikos schwartzii* Bütschli, qui possèdent incontestablement tous les caractères de ceux des Cnidaires, toujours considérés comme typiques. Mais, il existe aussi, chez ces mêmes Péridiniens, des organites non identiques, fort différents du type Cnidaire : nous examinerons ainsi ceux de *Polykrikos hartmanni* dont il a déjà été question plus haut et ceux des *Nematodinium*.

Chez *Polykrikos schwartzii*, le cnidocyste, vu en premier lieu par Bütschli (1873), figuré ensuite par Kofoid (1907) puis par Fauré-Frémiet (1913), a été étudié, en 1914, par E. Chatton qui lui a reconnu les éléments suivants (fig. 32, 6, c.c.) : une *capsule*, dessinant un ovoïde allongé, avec un gros bout surmonté d'un dôme antérieur ou *opercule*. A l'intérieur, insérée à l'origine de l'opercule et dirigée vers l'arrière, l'*ampoule*, organe complexe, presque cylindrique terminé à sa base en cul de bouteille, sur le centre duquel, à partir d'un granule à allure de centriole s'insère le *filament*, qui, après un trajet rectiligne dans l'axe, s'enroule

Les Cnidocystes 35

en hélice dans la partie postérieure de la capsule. L'opercule est indépendant de la capsule qui lui est soudée. L'ampoule apparait comme un reploiement interne de la capsule et qui présente dans son axe une tigelle — le *percuteur* de CHATTON — qui nous parait correspondre au « clou » des trichocystes de Paramécies, avec une base en disque évasé vers le bas (l'*embase* de CHATTON).

L'explosion, déjà suivie par BÜTSCHLI, puis par BERGH (1881), a été étudiée par CHATTON qui en déduit le mécanisme à partir d'une comparaison entre

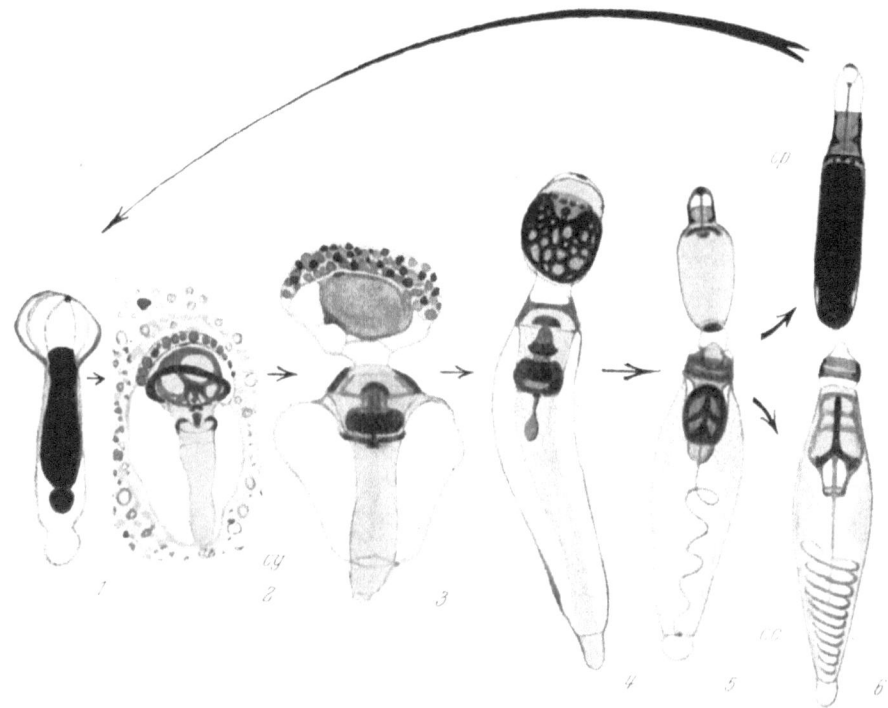

Fig. 32. Cnidogénèse cyclique chez *Polykrikos schwartzii*. Figures non schématisées. A partir du cnidoplaste, *cp*, gonflé en I, s'organisent simultanément, en haut, un nouveau cnidoplaste, en bas un cnidocyste, qui se détachent l'un de l'autre en fin de cycle. *cg*, stade cnidogène, stade de départ de la double évolution.

organite quiescent et organite détendu. L'ampoule se retourne en doigt de gant, elle prolonge la capsule vidée après avoir percé l'opercule ; elle est prolongée par le filament qui a donc dû se dévaginer par retournement, ce qui implique une nature tubulaire. Le percuteur est libéré extérieurement : il a du faciliter la percée de l'opercule, et son embase qui s'en est détachée, est restée en place à l'origine du filament.

La formation de ce cnidocyste a été reconnue autogénétique par CHATTON, selon un cycle dont toutes les phases ont été étudieés par HOVASSE, en 1950, et qui est résumé dans la fig. 32. Tant que le cnidocyste n'est pas mûr, il évolue en tandem, à l'arrière d'un *cnidoplaste*, qui évolue parallèlement à lui, et qui, au moment où le cnidocyste est mûr, s'en détache. Il devient alors, lui-même, le *cnidogène*, origine de deux ébauches placées bout à bout, et qui formeront respectivement un nouveau cnidocyste et un nouveau cnidoplaste. Des éléments cytoplasmiques, les « granules osmiophiles » de Chatton et Grassé, paraissent servir d'aliments à cette double croissance. Il serait intéressant d'en préciser la signification cytologique. Pour Chatton et Grassé, ce pourrait être un dérivé golgien, origine qui concorderait avec celle admise par Wegener pour les cnido- cystes des Hydres. Cependant, les plaquettes en question n'ont pas les caractères cytologiques du Golgi : une étude au microscope électronique est donc souhaitable.

D'un autre côté, des granules à allure de centrioles, toujours disposés selon l'axe de symétrie de l'organite, laissent à penser que la cinétide joue un rôle

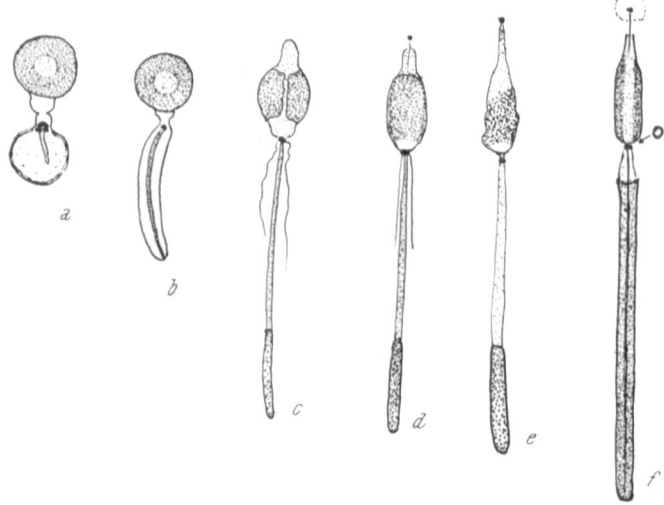

Fig. 33. Cnidogénèse chez *Polykrikos hartmanni* : six stades successifs : *a* et *b* semblent correspondre au stade cnidogène, et *f* au stade terminal, avec cnidocyste tubulaire surmonté d'un court opercule, *o*, surmonté lui même par un cnidoplaste. × 1200.

essentiel dans cette organisation. Le filament se forme par un étirement de matière à partir d'un centriole : c'est donc probablement un flagelle interne, plein à l'origine. Chatton pensait qu'il serait doublé ensuite extérieurement par un recouvrement chitinoïde qui en ferait un tube.

En ce qui concerne *Polykrikos hartmanni* Zimmermann, il paraît le seul autre *Polykrikos* à posséder des cnidocystes. Mais il faut remarquer qu'il a été confondu avec *P. barnegatensis* Martin, qui, d'après la diagnose d'origine, n'en possède pas, et dont la forme est bien différente. *P. hartmanni*, bien que muni de plastes chlorophylliens, possède, à la fois, des trichocystes, du type de ceux étudiés plus haut pour *P. schwartzii*, en nombre assez élevé, et, par cellule, une dizaine de cnidocystes que j'ai figurés et décrits sommairement en 1933 et en 1963 (fig. 33). Ce sont des batonnets cylindriques, longs de 20 μ, larges de 1,5 μ, ayant l'allure d'un tube à essais, avec une extrémité close arrondie, l'autre étant libre, mais fermée par une sorte de bouchon chromophobe devenant conique vers l'extérieur où sa pointe est couverte par un petit opercule hémisphérique. Le tube s'homologuerait ainsi à une capsule. Un filament rectiligne, qui peut être creux, axe le tube et se termine au niveau de l'opercule après avoir percé le bouchon. On y note quelque fois des épaississements granulaires. Je n'ai observé aucune détente, et CHATTON, qui a retrouvé l'organisme, en 1938, n'a pas été plus heureux. ZIMMERMANN a bien signalé l'existence de détentes, mais il est hors de doute qu'il a confondu trichocystes et cnidocystes. On pourrait penser que ces « cnidocystes » sont, en réalité, des spores de Microsporidies : l'analogie avec les *Bacillidium* est certaine. Cependant, l'hypothèse ne peut être soutenue parce qu'il est possible de voir se former ces organites dans le *Polykrikos*. La formation y a lieu, également, en tandem : par delà l'opercule du cnidocyste mûr, il y a presque toujours un cnidoplaste parfaitement reconnaissable et qui évolue en même temps que lui. Il est facile de sérier les stades de cette double évolution : elle débute par une petite sphère basophile simple,

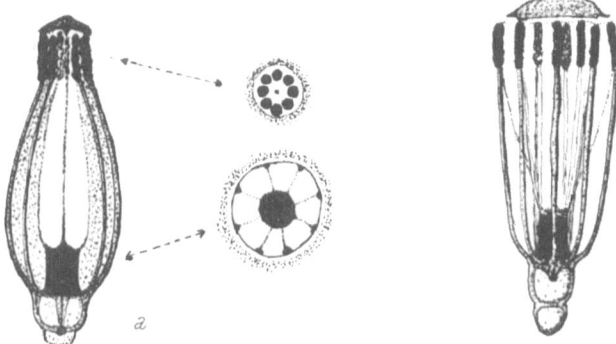

Fig. 34. Stades terminaux de la cnidogénèse chez *Nematodinium armatum* : *a* et *b*, ; à droite de *a*, coupes transversales du cnidocyste non mûr ; en *B*, la seule détente reconnue, séparation de l'opercule, en haut, et écartement des baguettes. × 1200.

ou cnidogène, toujours proche du noyau, et plus précisément même du point où arrive sur le noyau l'extrémité de la région flagellaire, c'est à dire où doit se trouver le centrosome. Une seconde sphère de même taille, mais chromophobe, apparait ensuite, reliée à la première par un court raccord tubulaire. Elle est axée par l'ébauche du filament coiffé de son opercule. La sphère basophile évolue en cnidoplaste, la sphère inférieure en cnidocyste.

Par analogie avec l'exemple de *P. schwartzii*, on est en droit de penser, qu'en fin de cycle, le cnidoplaste mûr et détaché du cnidocyste, redonne la sphère initiale. L'insuffisance du matériel dont j'ai pu disposer ne m'a pas permis de vérifier cette hypothèse.

Les *Nematodinium*, gros Péridiniens à ocelle, possèdent eux aussi des organites qui ont été dénommés cnidocystes, mais dont la structure est encore plus aberrante. Bien qu'observés à plusieurs reprises, ils n'ont jamais été étudies sérieusement, sauf par S. MARSHALL (1925) qui a décrit succintement ceux d'une forme voisine, *Proterythropsis vigilans*, où elle a pu constater l'absence de tout filament spiral. J'ai pu étudier, moi-même, grâce à un matériel abondant obtenu à Sète, *Nematodinium armatum* Dogiel en microscopie optique.

Le cnidocyste mûr est un cylindre à extrémités arrondies dont la membrane capsulaire est mince et ornée de huit baguettes longitudinales, convergentes à l'une des extrémités, proximale par sa formation, tendant d'autre part à diverger au niveau de l'extrémité distale où existe une sorte d'orpercule recouvrant leur pointe. On a ainsi l'image d'un parapluie avec ses baleines, parapluie dont la pointe serait tournée vers l'observateur, et dont le manche, net pendant la formation, disparait à maturité (fig. 34). Les baleines peuvent alors s'écarter quelque peu. Dans l'eau, le tout se gonfle et les baleines se libèrent sous forme de cordons irréguliers et réfringents sans qu'il y ait d'explosion perceptible.

La formation peut être suivie : elle a lieu toujours à proximité du noyau : il y existe une masse ovoïde très basophile, qui est le cnidogène. Il s'allonge au niveau du petit bout de l'oeuf, et, parvenu à une certaine taille, se coupe, libérant une ébauche de cnidocyste qui s'achève ensuite dans le cytoplasme. La partie restante du cnidogène reforme ensuite un nouveau cnidocyste. C'est donc aussi une formation cyclique, mais d'un type différent des précèdents, avec cnidogène permanent.

Aucun autre cnidocyste ne possède de structure analogue, qui ne présente d'analogie, très superficielle du reste, qu'avec celle des trichocystes des *Trichopelmidae* (cf. page 27).

En somme, de ces cnidocystes de Péridiniens, seuls ceux de *P. schwartzii* sont de vrais nématocystes, au sens « Cnidaire » du mot. La variété des autres dont nous n'avons encore qu'une idée incomplète, car la prospection de ces organismes n'est pas achevée, montre déjà qu'il y a eu d'autres essais, indépendemment de la réussite évolutive que constitue le cnidocyste type, si répandu chez les Cnidaires.

III. Les Nématocystes des Cnidaires

A. La morphologie

Connus depuis les travaux de Trembley sur l'Hydre d'eau douce (1744), étudiés sur le même matériel par Ehrenberg (1836) et reconnus ensuite comme caractéristiques de tous les Cnidaires, ces nématocystes ont fait l'objet de très nombreuses recherches. Parmi celles-ci, nous avons retenu celles de Wagner (1841) qui, chez *Pelagia noctiluca*, découvre leur relation avec l'urtication ; celles de Haime (1854) qui leur donne le nom de nématocystes. Signalons les mises au point soit de Kühn (1926) soit de R. Weill (1934). Le gros ouvrage de ce dernier développe largement l'ensemble de la question dont il donne, en outre, une bibliographie fort complète. Le traité de Hyman (1940), une récente revue de Reisinger (1964) nous ont également été très utiles.

L'emploi du microscope électronique sur frottis, puis, la méthode des coupes ultrafines, plus efficace en l'occurence, a permis d'obtenir enfin quelques précisions complémentaires que nous étudierons plus bas.

Prenons comme exemple, parmi les nématocystes de l'Hydre, les *sténotèles* (R. Weill) qui sont les plus gros et aussi les plus compliqués (fig. 35a, b).

Chacun de ces organites est renfermé dans une cellule spéciale, le nématoblaste, incluse, elle-même, à sa place de fonctionnement dans une cellule épidermique, soit de la colonne, soit des tentacules. Ce n'est pas à cette même place qu'est né le nématocyste : il s'est formé, en effet ailleurs, à la base de l'épiderme, dans un foyer cnidogène, à l'intérieur d'une cellule intersticielle, devenue nématoblaste, au niveau de la colonne gastrique (Brien) et d'où il est venu, déplacé grâce aux mouvements amoeboïdes de sa cellule-mère, vectrice qui s'est finalement introduite, avec lui, dans la cellule épithéliale où il vient effleurer à l'extérieur et qui est parfois capable de l'éjecter (Yanagita).

Le nématoblaste porte un *cnidocil*, implanté près de l'opercule du nématocyste et faisant saillie au dessus du tégument. Sa base est entourée d'un appareil
en tronc de cône ou en cylindre, en « cheminée » dont la paroi est garnie de stries
longitudinales sidérophiles. Il y a également des stries dans la région externe du
cytoplasme du nématoblaste et qui semblent être des tonofibrilles. A la base
de la capsule, une fibre hélicoïdale, de signification inconnue, le *lasso*. Quant au
nématocyste lui-même, à l'état quiescent, on lui reconnait une capsule ovoïde
à petit bout tronqué, à paroi épaisse et d'apparence triple, coiffée d'un opercule

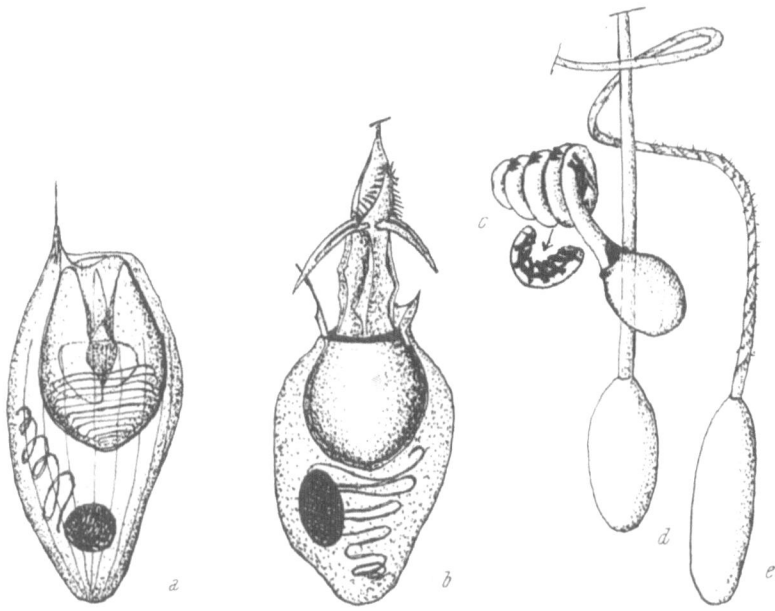

Fig. 35. Cnidocystes de l'Hydre ; *a*, Sténotèle au repos, *b*, après éclatement. d' après SCHULTZE ; tube non figuré.
c, desmonème ; *d*, atriche, et *e*, holotriche, d'après WEILL, légèrement modifiés.

aplati, une ampoule à contenu complexe et qui s'effile vers le gros bout de la
capsule, se continuant par le filament, toujours tubulaire, décrivant une douzaine
de spires à la base de cette capsule. Après détente, l'ampoule est retournée vers
l'extérieur, à peu près cylindro-cônique, garnie de côtes longitudinales dans
sa région cylindrique ou hampe. A la limite de celle-ci, s'insèrent trois grosses
épines divergentes vers l'arrière comme les barbelures d'une flèche. La base
de chacune se prolonge sur la « pièce cônique » par une côte garnie d'épines
plus petites et de tailles décroissantes. Tout le long du tube qui la continue
directement et qui atteint jusqu'à 500 μ, il n'y a pas trace d'armature, mais il
est possible qu'il y ait des plis hélicoïdaux continuant les trois séries d'épines de
la pièce cônique.

A l'état quiescent, toutes ces épines, grandes et petites, sont tassées à l'intérieur de l'ampoule. Il n'y a ainsi aucun doute possible, la détente ne peut être
qu'une dévagination par éversion.

Tous les nématocystes de l'Hydre ne sont pas identiques (fig. 35c, d, e).
Il en existe trois autres catégories. Les sténotèles ne représentent que le dixième

de cet ensemble. Ils sont qualifiés aussi de *pénétrants*, d'après une nomenclature
due à P. Schultze, et basée sur leur rôle : comme celui-ci est conjectural, il
semble préférable de choisir la nomenclature rationnelle de R. Weill.

Les autres sont plus petits : les uns dits *desmonèmes* (*volvants* de Schultze),
ont un tube qui, à la détente, s'enroule en quatre spires serrées, pauvres en
épines. Les deux autres catégories (*glutinants* de Schultze) sont, soit des *atriches*,
dont le tube n'a ni hampe ni épines, soit des *holotriches* sans hampe mais avec

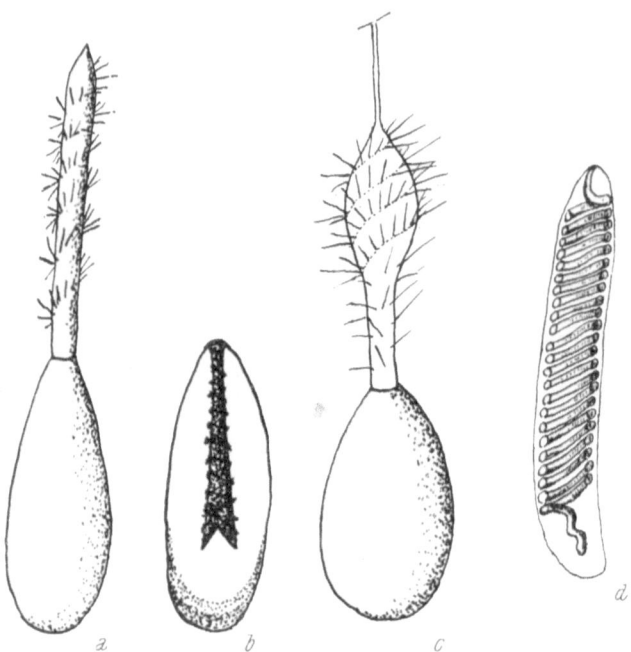

Fig. 36. Trois types particuliers de cnidocystes : *a*, amastigophore explosé, *b*, le même quiescent, chez une
Sagartia. c, eurytèle microbasique de Méduse, d'après Weill.*d* , spirocyste d'*Anemonia sulcata*.

des épines. Les frottis de ces divers cnidocystes ont été examinés au microscope
électronique par P. Semal-Van-Gansen (1954) qui a pu montrer, ainsi, qu'il
existe des différences entre les diverses espèces d'Hydres : les épines des sténotèles
sont, en particulier, fort dissemblables (fig. 37 a, b). Quant aux desmonèmes,
ils montrent, sur la face interne de leurs spires, après détente, un ensemble
complexe de barres (fig. 37 c). Les épines des holotriches sont disposées sur
trois spires hélicoïdales, leur forme et leur taille présentent également d'importantes variations.

Enfin, le tube des atriches est particulièrement épais, et porte, au moins,
vers sa base, des épines. L'ensemble de ces quatre types de cnidocystes constitue
ce que Weill dénomme le *cnidome* de l'Hydre : son étude précise permet de
caractériser le genre *Hydra* et même les diverses espèces d'Hydres. La consi-
dération des cnidomes présente ainsi un réel intérêt taxinomique.

Dans les divers groupes de Cnidaires, ces variations concernent soit les nématocystes eux-même, soit leur disposition.

Le tube peut faire défaut, être plus ou moins long ou armé, inséré ou non par l'intermédiaire d'une hampe (fig. 36 a—c). Celle-ci peut être plus ou moins longue, élargie, soit à sa base soit à son extrémité. WEILL distingue ainsi 17 types courants de « vrais » nématocystes, et en outre, une catégorie spéciale aux Actiniaires, celle des *spirocystes*, reconnue par BEDOT dès 1890. Ce sont des organites longs, en cylindre légèrement incurvé, dont la capsule à parois très minces, s'invagine en un tube enroulé comme un long ressort à boudins à spires presque jointives (fig. 36 d). Ils différent des autres cnidocystes, normalement basophiles, par une affinité très nette pour les colorants acides, et, physiquement par la perméabilité de leur capsule pour l'eau. Leur décharge, difficile à obtenir expérimentalement, ne parait cependant pas différer de celle des autres cnidocystes (WILL, 1909 ; WEILL, 1934 ; DE SAEDELER-JACOBS, 1938).

Les nématocystes se forment souvent loin de leur emplacement fonctionnel dans des *foyers cnidogènes* à petites cellules très denses et à partir desquels leurs nématoblastes les entraînent dans des migrations complexes et souvent mal connues. Chez les Lucernaires, WEILL signale l'existence de *réservoirs sélectifs*, cavités remplies de liquide, à l'intérieur de la zooglée, sortes de « salles d'attente » dans lesquelles les cnidocystes d'une même catégorie viennent mûrir avant leur transport vers leur lieu d'emploi. Parvenus à cet emplacement, ils sont souvent disposés en groupements particuliers, les *batteries* : chez les Hydres,

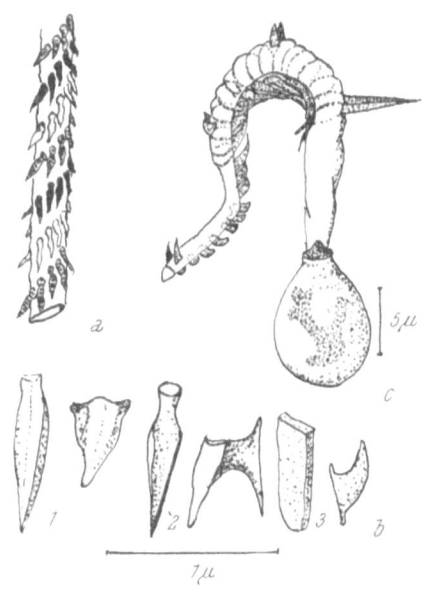

Fig. 37. Frottis, au microscope électronique : tubes urticants: *a*, d'holotriche d'*Hydra attenuata*,; *b*, épines isolées de *H. attenuata* (1), de *H. oligactis* (2), *H. viridis* (3). *c*, détails d'un desmonème : opercule triangulaire, épines dorsales, barres et crochets ventraux, d'après Mme SEMAL-VAN GANSEN.

de grosses cellules des tentacules enferment ainsi un ou deux sténotèles, qu'entourent en un ou plusieurs cercles, des cnidocystes des autres catégories. Quand un de ces organites disparait, à la suite d'une excitation, il est remplacé par un autre de même catégorie, ce qui implique une coordination fort complexe.

Les coupes ultrafines ont permis de préciser quelques détails morphogiques (fig. 38) et d'élargir nos connaissances sur la cnidogénèse.

CHAPMAN et TILNEY, en 1959, ont donné sur l'Hydre les renseignements suivants : le cnidocil est l'équivalent morphologique d'un flagelle : sa base est un centriole caractérisé dont les neuf fibres extérieures se continuent par les siennes propres. Les fibres axiales semblent faire défaut. Il y a un second centriole, au contact du premier, mais disposé perpendiculairement à lui. La base du cnidocil est en relation de contact avec la base de l'opercule, d'autre part, la cheminée qui l'entoure comporte neuf fibres pleines disposées selon un demi-cercle, et certaines de ces fibres sont également en relation avec un autre système de fibres, au nombre de vingt, dont l'extrémité proximale atteint la capsule. Il semble que ce système soit le déclencheur de l'explosion.

La capsule est faite de quatre couches : une centrale homogène et épaisse d'un quart de micron, intérieurement une membrane de 80 Å, extérieurement deux autres de 160 Å chaque, la plus externe étant la limite du cnidoblaste. Le corps du cnidocyste apparait ainsi comme un corps étranger dans son cnidoblaste. L'ampoule est en continuité avec la paroi capsulaire, mais amincie par diminution de l'épaisseur de la zone centrale. Son armature interne comprend les trois stylets pleins, coaptés en quelque sorte. Quant aux épines, elles apparais-

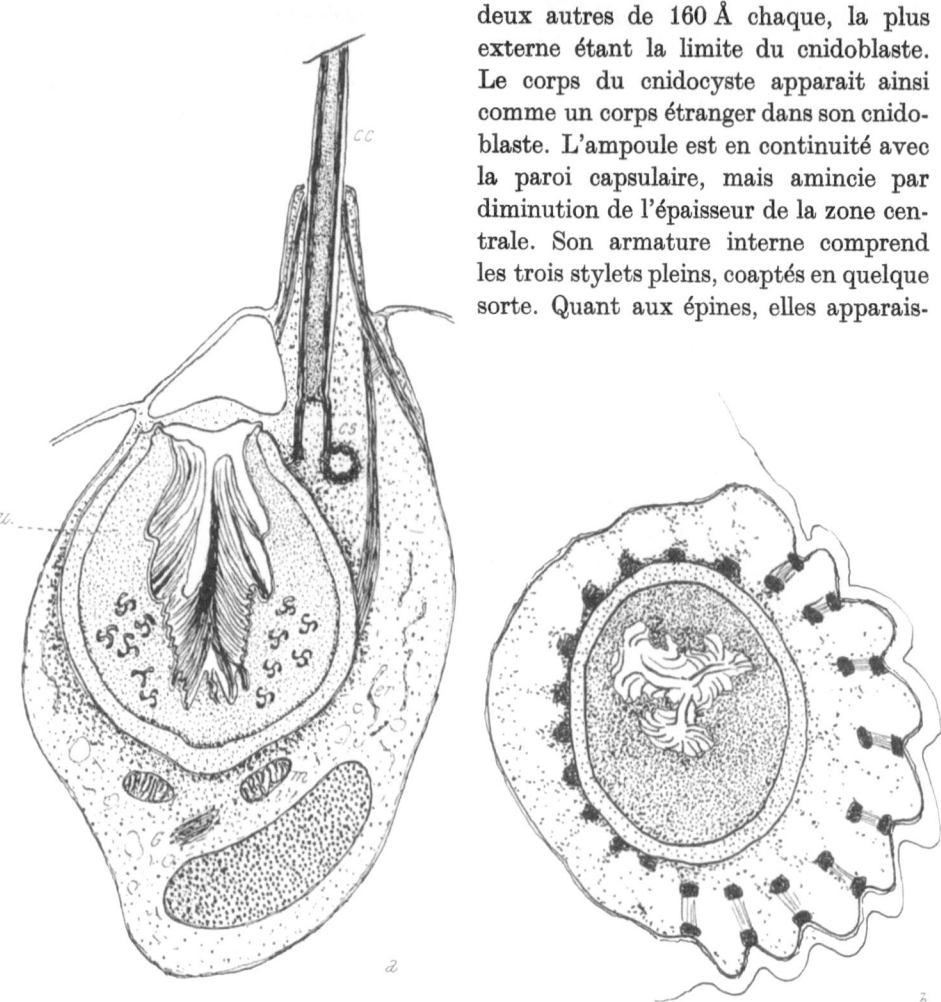

Fig. 38. Deux coupes, au microscope électronique de sténotèles d'Hydres, d'après CHAPMANN et TILNEY, interprétées d'après les photos des auteurs. *a*, coupe axiale du cnidoblaste avec son noyau, son Golgi, ses mitochondries et son ergastoplasme. A l'intérieur, la capsule urticante, *C.u.*, surmontée de l'opercule, et dominée par l'appareil cnidocilaire, c'est à dire le cnidocil et les deux centrosomes. *b*, coupe transversale, montrant la capsule, avec intérieurement la pièce conique inversée. Le tube n'est pas visible : il l'est par contre en *a*. Noter en *B* les systèmes de fibres (voir texte).

sent plutôt comme des crêtes disposées les unes contre les autres comme les feuillets d'un livre et insérées sur une membrane plissée. La coupe transversale de l'ampoule est une figure en Y, à trois branches égales, dont les trois épines forment le centre, intérieurement à la paroi, qui est dilatée aux trois extrémités de l'Y.

Le tube présente une section analogue, mais plus petite : les auteurs la comparent à la silhouette d'une hélice tripale, les régions élargies correspondant à l'emplacement des épines. Il est vraisemblable que la transformation en tube est un véritable gonflement réalisé au moment où la pression s'élève dans la capsule, par suite de l'explosion. On sait, ainsi que l'a montré PICKEN (1953) que, chez *Corynactis*, le filament double son diamètre au moment de la décharge.

L'opercule enfin est formé de trois couches: l'interne ferme la capsule, elle semble coaptée avec une zone plissotée de son bord. La moyenne semble en continuité avec le cytoplasme du cnidoblaste. L'externe limite celui-ci jusqu'à la chambre operculaire, espace libre entre l'opercule et la membrane cellulaire. Après expansion, l'opercule parait aminci et homogène. SEMAL-VAN GANSEN lui a reconnu alors une forme triangulaire.

B. La cnidogénèse

Beaucoup d'auteurs en ont parlé : on ne peut cependant pas dire qu'elle soit connue. C'est qu'elle se réalise dans de petites cellules, bourrées d'enclaves entre lesquelles le microscope optique, malgrè les ressources que lui procurent les colorants histologiques, se montre impuissant à distinguer les constituants habituels.

La plupart des auteurs, depuis FREY (1847) ont admis que le noyau sert de point de départ à la cnidogénèse. Une vacuole se formerait à son contact sur un point de laquelle BEDOT a vu apparaitre, en 1886, un bourgeon qui, croissant vers l'intérieur, devient le filament. C'est en somme le mécanisme reconnu chez les Myxosporidies, abstraction faite d'un rôle possible du centrosome, ici, indiscernable. Pratiquement, les faits établis s'arrêtent là. Certains auteurs ont pensé à une formation du tube hors de la capsule (SCHNEIDER, 1890—1894). Mais, R. WEILL a constaté, maintes fois, que les jeunes nématocystes peuvent exploser très tôt, à l'intérieur de leur cellule formatrice, ce qui semble avoir abusé SCHNEIDER et beaucoup d'autres. Le tube s'organise dans la capsule : ceci est incontestable chez *Polykrikos schwartzii*, où la netteté des images observées, et la facilité de leur sériation, ne laissent subsister aucun doute (fig. 32, *4, 5, 6*).

Néanmoins, REISINGER (1964) revient à l'opinion de SCHNEIDER, après études au microscope électronique. LOM (1964, communication verbale) voit, sur ses clichés, le filament situé hors de la capsule, chez une Myxosporidie.

Il me semble impossible de comprendre comment un tel filament pourrait ensuite rentrer dans la capsule. Par contre, j'ai constaté fréquement que certaines fixations, et en particulier l'acide osmique, provoquent des explosions précoces et imparfaites, sur cnidocystes immatures. Il est donc possible que l'opinion de R. WEILL reste intacte, et que ce sont des explosions précoces qui ont abusé encore REISINGER et LOM.

En 1937, WEGENER a pensé établir aussi un fait important : bien qu'il n'ait pas vu la toute première ébauche de la vacuole, il décrit la croissance de cette vacuole, piriforme à partir de la pointe de l'élément, grâce à un système qu'il assimile à l'appareil de Golgi. Toutefois, les figures qu'il nous présente sont loin d'être convaincantes : ce sont des imprégnations argentiques qui ne caractérisent nullement le Golgi, mais bien plutôt l'ergastoplasme. J'ai constaté, du reste, au microscope électronique, l'abondance très grande de ce reticulum endoplasmique tout autour des jeunes vacuoles. FAWCETT, en 1958, a, lui-même, donné une bonne figure électronique d'un stade de développement du cnidoblaste, chez *Hydra oligactis*. Elle montre que, à l'extrémité capsulaire libre, il existe une membrane très mince, ou même nulle, et en son voisinage, un cytoplasme riche en ergastoplasme. On est moins certain d'y reconnaitre du Golgi.

D'autre part, Chapman et Tilney attribuent, également, un rôle au noyau, qui parait entourer, en grande partie, la vacuole et semble diminuer de taille pendant qu'elle s'organise en capsule. Celle-ci, d'abord piriforme, présente un contenu homogène : elle est envahie par l'ampoule qui semble s'y différencier in situ, car on ne note pas de différences entre le cytoplasma sur les deux faces de la paroi. Le filament apparait ensuite, très difficile à distinguer initialement du fond : il doit se former de la même façon que l'ampoule, en continuité avec elle. L'armature de stylets et d'épines se forme par la suite à même le contenu de l'ampoule, et probablement aussi, du tube.

Grâce, enfin, à une meilleure technique, Reisinger semble apporter la solution définitive (1964) : il montre que les deux systèmes cellulaires, Golgi et ergastoplasme jouent dans la formation de l'ampoule, chacun un rôle important.

La vacuole initiale est une sphère ergastoplasmique à centre granuleux et enveloppe homogène. Le Golgi, d'aspect vésiculeux, forme une sorte de capuchon au pôle où nait le filament, à l'édification duquel il doit prendre part, ainsi qu'un ergastoplasme riche en ribosomes. Ceux-ci disparaissent, la capsule une fois achevée.

C. La décharge

Elle est liée à une excitation mécanique ou chimique reçue vraisemblablement par le cnidocil. Cependant, le fait de toucher cet organite avec une fine baguette de verre ne provoque pas obligatoirement la détente ; mais, celle-ci se produit si l'on a, préalablement, dirigé contre lui un jet de liquide nutritif. Le seuil de l'excitation mécanique pourrait ainsi varier en fonction de la nature chimique immédiate du milieu. Mais des excitations chimiques peuvent suffire seules à provoquer la détente : des morceaux d'Actinies la provoquent, mais seulement s'ils ne proviennent pas de la même espèce. Il y aurait donc ainsi une sorte de sélection réalisée par l'organite ; elle se fait également remarquer dans la réaction de l'Hydre vis à vis des Ciliés qui frôlent son ectoblaste : les *Trichodina*, très fréquents, n'y déclanchent aucune réaction tandis que d'autres Ciliés, plus petits même, mais moins habituels, provoquent l'explosion des nématocystes. Chaque organisme serait ainsi signalé à l'organite mécaniquement et chimiquement et, ainsi, déterminerait ou non sa réaction. Le phénomène semble lié au cnidoblaste lui-même et à sa cellule hôte, il est insensible aux anesthésiques, ce qui exclue une intervention nerveuse. Il y a cependant des exceptions connues, telles celles des *Physalies* où la décharge est arrêtée par action des diverses substances anesthésiantes. Chez les Actinies, le processus de décharge est l'objet d'importantes recherches Japonaises poursuivies par Yanagita depuis 1943.

D. Le mécanisme de la décharge

Il parait bien s'agir d'un retournement du tube, débutant par celui de l'ampoule, là où elle existe. Cette éversion en doigt de gant a été souvent niée en raison de la finesse du tube (Kepner, 1943—1951), argument sans valeur, semble-t-il,

surtout étant donnée la netteté de beaucoup de figures qui ne peuvent s'interpréter autrement, même en microscopie électronique (Semal-Van-Gansen, 1954).

Ce mécanisme implique une augmentation de la pression capsulaire, mais
différente de celle reconnue chez les trichocystes à explosion polarisée chimiquement. L'épaisseur de la capsule laisse prévoir une explosion à polarisation mécanique : il s'agit d'un « canon à tube ». Cependant, il semble que ce « tube » normalement non perméable, puisse le devenir car les colorants vitaux semblent
le traverser facilement. Une modification brutale de perméabilité permettrait
un appel d'eau déclenchant une pression d'imbibition suffisante pour inverser
l'ampoule, le tube, et vidant même partiellement le contenu capsulaire. L'explosion ne peut se produire sans eau. Elle peut se produire même après une
longue dessication.

La nature du contenu capsulaire n'est pas connue avec certitude. On a cherché
à la connaitre pour expliquer l'urtication parfois très importante provoquée
par certains nématocystes tels que ceux des Physalies, redoutés des baigneurs.
Rappelons que c'est par l'étude de l'action d'extraits de tentacules de Cnidaires
sur le Chien que Richet et Portier ont, en 1902, découvert l'anaphylaxie.
Mais ces extraits ne sont pas obligatoirement des extraits de nématocystes. Les
hypnotoxines, thalassines, actinocongestines qu'on y a reconnues, ne dérivent
pas, en toute certitude, de telle ou telle catégorie de nématocystes. Ainsi que l'a
remarqué J. P. Boisseau en 1952, macérations, broyages dans le sable de Fon-
tainebleau, compressions violentes, laissent intacte une bonne partie des néma-
cystes des tissus qui leur sont soumis. Il y a, d'autre part, toujours dans ces
tissus, des cellules glandulaires dont on ne peut séparer le contenu, à plus forte
raison reconnaitre la part qu'elles jouent dans la constitution de l'extrait.

Les techniques histochimiques, dont on connait la délicatesse et les limites,
indiquent ici la présence de protéines, probablement albumines ainsi que de
composés phénoliques à chaîne latérale. Ces derniers corps existent aussi dans
les cellules glandulaires de l'épiderme. M. Hamon (1955), qui confirme la présence
des corps phénoliques, pense que la capsule est constituée non par des kératines
— holoprotéines — mais par des protéines conjuguées à un mucopolysaccharide.
La capsule des spirocystes aurait, par contre, une composition rappelant celle
des kératines.

Pour Reisinger (1964), l'urtication des *Hydra* et des Physalies serait due
à l'action de deux substances : une sérotonine (5-hydroxytryptamine) libèrant
de l'histamine, et une protéine active, bloquant les synapses des nerfs cholinergi-
ques. Il insiste d'autre part sur le fait qu'une telle solution n'est encore qu'une
ébauche.

Quoiqu'il en soit, on sait que les Cnidaires paralysent les proies dans lesquelles
se sont fixées leurs cnidocystes à tubes perforés. L'inoculation d'une substance
toxique a pu ainsi être constatée directement. Il est donc certain que ces organites
sont défensifs ou offensifs. D'autres sont peut-être des organites de maintien : tel
serait peut-être le rôle des desmonèmes ou des atriches de l'Hydre. Il faut cependant remarquer que Chapman et Tilney ont constaté que ces derniers cnidocystes
ont, au cours de leur formation, leur capsule garnie extérieurement par tout un
cercle de mitochondries serrées et qui sont beaucoup moins denses au niveau des

autres nématocystes. On peut ainsi penser à une action chimique pour des organites mal pourvus pourtant en épines. Il faut donc être prudent en attribuant, à priori, et d'après leur aspect, telle ou telle fonction à ces divers éléments.

Chapitre III

Les Colloblastes des Cténaires

Les Cténaires ont, eux aussi, leur cellule caractéristique, le colloblaste : c'est un élément constitutif de l'épiderme des tentacules et qui permettrait à ceux-ci la capture des proies. Cette cellule parait pourvue d'un dispositif adhésif, qui lui a valu ses noms : *Greifzelle*, *Klebzelle*, *lassocell*, *colloblast*, selon les diverses langues. Elle a été décrite par moins de dix auteurs dont les descriptions sont loin d'être concordantes. Ce sont : Chun (1880), R. Hertwig (1880), Samassa (1892), C. Schneider (1902), Abbott (1907) ; plus récemment enfin, Taku Komai (1922) et R. Weill (1935). Il n'existe pas d'accord sur l'interprétation de son développement, ni non plus sur celle de son fonctionnement.

Ces auteurs admettent tous dans le colloblaste l'existence d'une *tête*, sorte de calotte hémisphérique limitée extérieurement par une couche unique de grains réfringents serrés les uns contre les autres et auxquels est attribué le rôle d'adhésifs. A l'intérieur de cette cloche, *collosphère* de Weill, il y a un cytoplasma grenu, sans noyau, mais avec des vacuoles plus ou moins grosses, à contenu éosinophile.

Centrant cette *tête*, un *corps sphéroïdal*, aperçu par Hertwig, figuré par Schneider et Taku Komai, d'où rayonnent des filaments cytoplasmiques dans toute la substance de la tête. Ce corps est d'après eux fortement éosinophile, ce ne semblerait donc pas pouvoir être un noyau, contrairement à ce qu'a pensé Abbott. Il sert d'insertion à un ou deux filaments qui relient la tête à la basale de l'épiderme. L'un de ces filaments est admis, par touts les auteurs, c'est le *filament spiral*, encore désigné comme *filament musculaire*. Il est éosinophile et généralement dessine une hélice. Weill remarque qu'il perdrait son éosinophilie en fin d'évolution et deviendrait alors sidérophile. Il le dénomme *collopode*. Pour lui, comme pour Chun et Schneider, il est seul à fixer la collosphère. Parfois on lui voit un noyau accolé.

L'autre filament, figuré par Samassa, Hertwig, Abbott et Taku Komai est nommé *filament central* ou *axial* et donné comme basophile. Samassa se demande s'il n'est pas la continuation du filament spiral replié au niveau de son insertion dans la tête. Pour Weill, ce filament n'a qu'une existence transitoire et disparait sur le colloblaste achevé : ce serait un reste de la cellule formatrice, étiré entre la collosphère et l'extrémité du collopode. On se demande, au vu des figures d'Hertwig ou de Schneider, s'il n'y aurait pas des confusions entre les deux filaments qui semblent avoir été figurés ainsi bout à bout.

Le développement du colloblaste a été interprété, en gros de quatre manières différentes.

Samassa pense qu'une « Greifzelle » d'*Hormiphora* dérive de deux cellules épithéliales : l'une, glandulaire, se creuse, perd son noyau et devient la tête. L'autre, cellule intersticielle, placée en dessous de la première, se fixe, d'une part à elle, d'autre part à la basale, et s'étire entre ces deux points, devenant d'abord le filament axial, qui garde le noyau, puis, par récurrence à partir du point de fixation à la tête, le filament spiral.

SCHNEIDER suit ce développement chez *Beroe ovata*, à la base du tentacule, où constamment se forment de nouveaux colloblastes. Il décrit des groupes cellulaires, issus chacun d'une seule cellule initiale, et dans lesquels il compte de 2 à 7 noyaux. L'un est isolé à l'extrémité externe de l'élément, entouré d'un

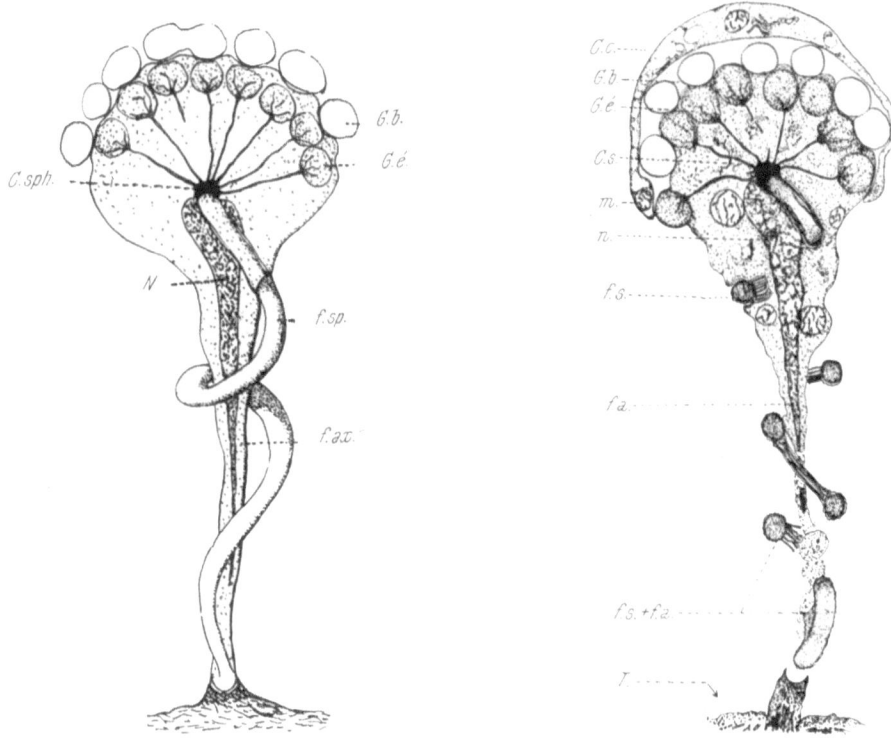

Fig. 39.   Fig. 40.

Fig. 39. Schéma d'un colloblaste. *C.sph.* : la collosphère, centrée par le corps sphéroïdal, relié par fibres aux grains éosinophiles, *G.é.* A l'extérieur, les grains brillants, *G.b. N*, le noyau, effilé dans le collopode. Le filament spiral, *.sp.*, et le filament axial, *f.ax.*, sont en réalité reliés par les feuillets du filament spiral, invisibles en microscopie optique. L'ensemble des deux filaments s'insère sur l'axe du tentacule.
Fig. 40. Fig. combinée, d'après plusieurs coupes ultrafines. Même légende que fig. 39. En plus : *C.c.*, cellule couvercle, en vue partielle, avec mitochondries, ergastoplasme et vacuoles. *T* : tentacule.

cytoplasma spumeux à grains brillants : cette « cellule des grains » fournit les grains collants. L'extrémité interne de la cellule donne naissance à six éléments dont il voit mal les noyaux, et qui sont les « cellules à fibres ». Leur cytoplasma est basophile, entourant des boules éosinophiles. A partir de la cellule des grains, qui perd son noyau, s'organisent six cloches, devenant les six têtes des cellules à fibres. Les fibres se différencient ensuite, et les noyaux disparaissent.

Sur *Coeloplana* ont travaillé ABBOTT et TAKU KOMAI. Il sont en partie d'accord, attribuant la formation du colloblaste à une seule cellule, dont la surface externe devient la tête collante. Mais, tandisqu'ABBOTT voit former le filament central par le cytoplasma entourant le noyau, celui-ci devenant le corps sphéroidal, TAKU KOMAI attribue le développement du filament central à un étirement du

7*

noyau, tandisque le filament spiral dériverait du cytoplasme. Il ne précise pas l'origine du corps sphéroïdal.

Ainsi, même dans cet exemple qui parait devenu classique à la suite de la large diffusion donnée par Taku Komai à ses propres figures, la certitude n'est pas encore obtenue.

En dernier lieu, R. Weill examine *Lampetia pancerina*, apportant encore une note discordante, mais peut-être non encore définitive, puisqu'il n'a pu étudier les premiers stades du développement. Pour lui, collosphère et collopode se différencient dans une cellule unique, au noyau de laquelle le collopode est rattaché par une formation à allure centrosomienne, incluse dans ce qu'il dénomme la *coiffe*, par analogie avec l'élément terminal du cnidocyste de *Polykrikos*. Une fois collopode et collosphère bien différenciès, un résidu cytoplasmique est rejeté avec le noyau : le filament axial est un aspect de ce stade de rejet. L'élément une fois mûr est ainsi anucléé, mais garderait toutefois la possibilité de se diviser.

Pensant que le microscope optique est insuffisant (fig. 39) pour trancher ce débat, nous avons repris l'étude du colloblaste au microscope électronique, qui nous a permis déjà d'acquérir, avec P. de Puytorac, quelques précisions sur cet élément chez *Pleurobrachia* (1962) (fig. 40). La collosphère est couverte de deux sortes de grains : les plus externes sont les grains brillants qui se détachent très facilement (G. b) : ce sont des vacuoles claires sans différenciations particulières et paraissant parfois extérieures à la collosphère. Les grains éosinophiles constituent la seconde couche (G.é.): ils sont toujours nettement à l'intérieur de la membrane cellulaire, ancrés par de forts cordons fibrillaires sur le corps sphéroïdal qui centre la collosphère (*c. s.*). Ce corps, très basophile, massif, Feulgen négatif, est encastré dans le noyau dont il semble constituer une extrusion. Large à ce niveau, le noyau s'effile ensuite, ainsi que le cytoplasme qui l'entoure, en direction du coeur du tentacule : c'est l'ensemble noyau-cytoplasme qui forme le filament axial (*f. a.*).

Le filament spiral (*f. s.*) constitue évidemment une formation très différente, mais, et c'est là le fait nouveau, *qui lui est liée* sur toute sa longueur. Il nait, à partir du corps sphéroïdal, au fond d'un puits cytoplasmique, comparable à celui du fouet de maint Flagellé. A la sortie de ce puits, dégagé ainsi du corps cellulaire encore large, il décrit deux ou trois spires serrées, autour du filament axial, puis ses spires s'écartent, et c'est presque rectiligne qu'il aboutit à la membrane basale à laquelle il se fixe sur des éléments fibreux.

C'est un tube presque cylindrique à contenu homogène et sans structure, entouré par deux membranes concentriques. L'interne est aussi la plus épaisse : elle continue directement la substance du corps sphéroïdal. L'externe, très lâche, possède la minceur de la membrane cellulaire, dont elle constitue une expansion particulièrement complexe. Sur la face du filament qui est tournée vers l'axe de l'hélice, marqué par le filament axial, elle donne naissance à des crêtes longitudinales, plus hautes que le diamètre du collopode (1 μ) et disposées parallèlement à son axe. Il y en a de 5 à 10 selon les niveaux. Tant que le filament axial reste d'un calibre appréciable, on voit l'une au moins de ces crêtes se continuer directement avec la membrane cellulaire. Quand ce filament semble avoir disparu, le filament spiral parait s'être totalement libéré de la cellule : il n'en est cependant rien : l'une de ses crêtes est toujours en continuité avec une masse cytoplasmique de dimension variable, parfois gonflée par des mitochondries, et qui est la pointe du filament axial. A ce niveau donc, les deux filaments sont confondus, et le cytoplasma du filament axial suit jusqu'au bout le filament spiral.

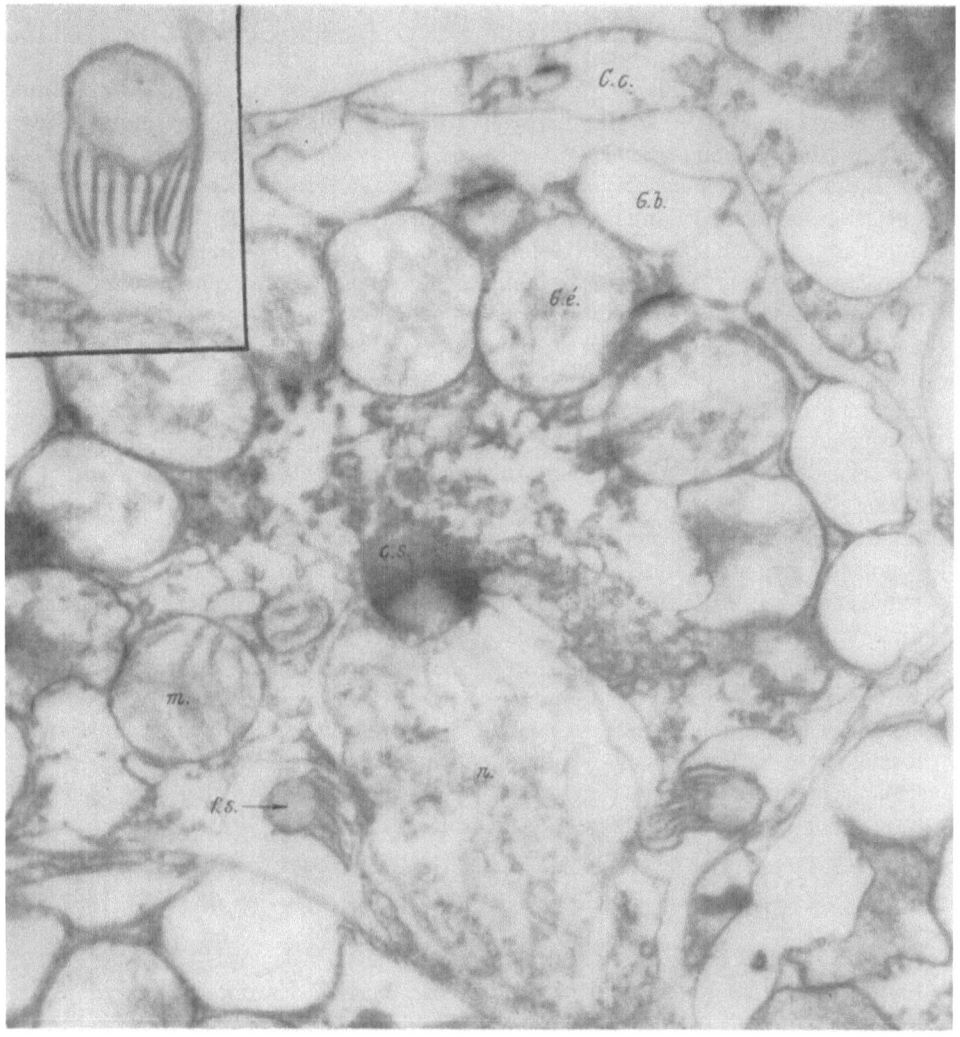

Fig. 41. Portion d'un colloblaste de *Pleurobrachia pileus*, montrant la collosphère, centrée par le corps sphéroïdal, *c.s.*, échancrant le noyau, *n*. On retrouve les constituants de la figure 39, mais les deux coupes du filament spiral montrent des restes de fibres flagellaires. En médaillon, plus grossi, un filament spiral normal et sans fibres, × 25.000. Le reste, x 18.000.

A signaler aussi que les crêtes présentent souvent entre elles des ponts d'union : elles constituent ainsi un ensemble qui, mécaniquement parlant, démontre dans le filament une dissymètrie importante, expliquant sa disposition en spirale et lui confèrant certainement des propriétés élastiques.

Le colloblaste semble donc bien issu d'une cellule unique, et si deux filaments l'unissent à son support, ils ne sont pas indépendants ; seul, le spiral, parait au point de vue mécanique, présenter une certaine importance.

Il existe un seul noyau par colloblaste ; toutefois, il faut noter que, au moment de la formation de ces éléments, ils sont recouverts, en groupe de 5 ou 6, par une « cellule couvercle », à très gros noyau, et à cytoplasma bourré d'ergastoplasme, qui doit être celle décrite chez *Beroë* par SCHNEIDER, et à laquelle il a attribué l'origine de six collosphères. Peut-être joue-t-elle un rôle dans la formation des grains brillants, mais peut-être aussi a-t-elle la signification d'un élément transporteur, car elle disparait quand les colloblastes sont mûrs à leur place de fonctionnement.

Enfin, bien que nous n'ayons pas expérimenté sur ces éléments, nous pensons que, si les grains brillants paraissent bien n'avoir aucun rôle « collant », ainsi que l'admet WEILL, après expérimentation, le même raisonnement ne vaut peut-être pas pour les grains éosinophiles. Fortement ancrés sur la collosphère, directement reliés par des fibres au corps sphéroïdal, lui même rattaché fermement à l'axe du tentacule par le filament spiral (WEILL), ces grains, s'ils sont collants, ce qui reste à démontrer, devraient donner à la cellule la possibilité de maintenir des proies à sa taille.

Quand à la signification même du filament spiral, il parait établi qu'elle est celle d'un flagelle transformé, ainsi que l'avait déjà implicitement indiqué WEILL.

En effet, il arrive que l'examen de coupes se rapportant à de très jeunes colloblastes, montre 9 fibres à la périphérie du filament spiral (fig. 41). Elles ne sont jamais nettes, ce qui semble indiquer qu'elles sont en voie de disparition au cours du gonflement qui mène à l'édification de ce filament. Il ne parait pas y avoir de fibres centrales, ce qui est normal pour un organe qui ne vibre pas. HOVASSE et DE PUYTORAC ont en outre observé (1963), chez *Pleurobrachia pileus*, au milieu de colloblastes achevés sur un jeune tentacule, une cellule non transformée, avec un long flagelle typique, en rapport avec un cinétosome également typique, accolé au noyau, exactement comme l'est le corps sphéroïdal. Celui-ci serait donc bien l'homologue d'un centrosome.

Conclusions générales

Les organites étudiés dans cette revue proviennent de Protistes et de Métazoaires : nous en avons analysé les ressemblances et les différences : il reste maintenant à voir quelles conclusions peuvent se dégager de ces comparaisons.

Un premier examen donne surtout une impression d'hétérogénéité : il conduit à distinguer au moins trois groupements : les *inextendibilia*, rhabdites et trichites, que nous rapprochions sur les bases d'une morphologie superficielle, mais dont l'ensemble est en cours de disjonction, puisqu'une partie, sinon la totalité des rhabdites, passe dans la seconde catégorie, entrainant peut-être une partie des trichites. Seuls, les némadesmes restent, en effet, certainement inextensibles.

Par contre, les *extendibilia* semblent former un ensemble plus naturel et mieux connu. Certes, il y a une grande distance entre le corps mucifère d'une Chrysomonadine et le trichocyste toxique d'un *Prorodon*. Mais, entre ces deux extrêmes, il est possible d'intercaler des stades intermédiaires et de construire ainsi une série assez continue. Série qui ne s'arrête, du reste, pas là, car il est relativement facile de la prolonger jusqu'aux cnidocystes les plus typiques.

Le troisième groupement, enfin, est représenté par les colloblastes qui ne sont plus, à vrai dire, des organites, mais des cellules transformées en éléments d'un organe qui est le tentacule.

C'est le deuxième groupement, celui des *extendibilia*, envisagé dans le sens le plus large possible, en lui adjoignant les cnidocystes, qui nous parait le plus important. Avec lui, on dispose d'une série morphologique dans laquelle, entre l'organite le plus simple et le plus compliqué, il n'y a guère plus de différences qu'il ne s'en rencontre entre les extrêmes des séries des organes photosensibles chez les Mollusques ou chez les Annélides.

Un fait nous parait, ici, extrêmement frappant : le terminus de la série peut être choisi, indifféremment, chez un Métazoaire, tel que l'Hydre, ou chez un Protozoaire tel que *Polykrikos schwartzii*. Les deux organites paraissent au même niveau évolutif, et, entre les deux, il y a tant de traits communs que l'on peut difficilement ne les interpréter que comme convergences.

Cependant, la génèse des deux cnidocystes parait nettement différente. La cellule formatrice de celui du Cnidaire ne donne naissance qu'à un seul cnido-cyste, celle du Péridinien en fait une série théoriquement indéfinie. Il est vrai que nous connaissons très mal encore la cnidogénèse des Cnidaires : qui sait si la cellule mère d'un cnidoblaste ne donne pas, une fois différenciée uniquement des cnidoblastes ? La différence entre les deux processus disparaitrait alors ou serait, au moins, très atténuée.

Ce problème n'a pas été abordé jusqu'ici exactement sous cet angle. Les belles recherches de P. BRIEN et M. RENIERS-DECOEN, sur l'Hydre, ont bien établi que les nématocystes dérivent toujours des « cellules intersticielles », mais ces éléments constituent la « réserve embryonnaire » ; ils sont capables de donner toutes sortes de cellules, ectoblastiques et même endoblastiques ou germinales et non pas exclusivement des cnidoblastes (1955). Un doute subsiste cependant qui ne serait levé qu'à l'aide de l'emploi de marqueurs radioactifs.

Notons, du reste, que le mode de formation du cnidocyste d'un autre Péridinien, *Nematodinium*, est plus simple, plus rapproché du mode cnidaire : il atténue, ainsi, les différences précédentes.

D'un autre côté, il est établi que le cnidocil est d'origine centrosomienne. Il n'est pas impossible qu'il en soit de même du filament urticant : le second centriole de la cellule de l'Hydre, démontré par CHAPMAN et TILNEY et dont la signification échappe, pour l'instant, pourrait fort bien en être l'initiateur. Le tube serait le flagelle interne, admis comme tel par les anciens auteurs, et par CHATTON. De même certains trichocystes se développeraient au contact ou à proximité d'un cinétosome, puisqu'il leur arrive de garder des traces d'une structure ciliaire. Chez les Cnidosporidies, le filament des capsules polaires a, lui aussi, une structure de cil. Il en est de même de celui des mêmes capsules des Microsporidies, au moins chez les *Mrazekia*. L'analogie de tous ces éléments peut alors se comprendre comme liée à l'existence d'un organisateur commun. L'origine cinétosomienne possible des rhabdites de l'épiderme, les relations des trichites et trichocystes des Péridiniens avec les lignes argyrophiles du tégument, reliées aux puits flagellaires, tous ces faits peuvent être groupés et rattachés aussi au domaine déjà vaste attribué par Chatton à la cinétide. Il semble bien que l'on doive également ramener à cette théorie l'image du colloblaste, puisque nous démontrons que le collopode est le résultat de la transformation d'un flagelle.

Beaucoup des ressemblances reconnues dépendraient alors non pas de convergences, mais de véritables homologies liées à l'extraordinaire pouvoir d'organisation ou d'induction du centrosome. On ne peut cependant plus admettre que la totalité des éléments dont nous avons exposé les principaux caractères, sont des dérivés centrosomiens, et surtout des dérivés centrosomiens *directs*. Mais de nombreuses précisions sont encore souhaitables : nous espérons qu'elles seront fournies à bref délai par la microscopie électronique.

Clermont-Ferrand, Novembre 1963

Bibliographie

I. Rhabdites

De Beauchamp, P. M., 1962 : Plathelminthes, in : Grassé, Traité de Zoologie, **4**, fasc. 1.

Goncharoff, M., 1957 : Etude des rhabdites de la trompe de *Lineus ruber* (némertien) au microscope électronique. C. Acad. Sc. **244**, p. 1539—1541.

Lang, A., 1884 : Die Polycladen des Golfen von Neapel. Fauna u. Flora des G. v. N.

Leuckart, R., 1852 : *Mesostomum Ehrenbergii* anatomisch dargestellt. Arch. f. Naturg. **18**, I, p. 234—350.

Pedersen, K. J., 1959 : Some features of the fine structure and histochemistry of Planarian subepidermal gland cells. Z. Zellforsch. **50**, p. 121—142.

Prenant, M., 1919 : Recherches sur les rhabdites des Turbellariés. Arch. Zoo. expé r et Gén. **58**.
— 1922 : Recherches sur le parenchyme des Plathelminthes. Thèse Paris, et Arch. Morph. gén. et expér. p. 1 à 174.

Reisinger, E., et Kelbetz, S., 1964: Feinbau und Entladungsmechanismus der Rhabditen. Zeitsch. f. wiss. Mikr. u. mikr. Techn. **65**, 472—508.

Reisinger, E., 1964: Das Integument der Coelenteraten, acölomaten und pseudocölomaten Würmer. Stud. Gener. **17**, 125—142.

Skaer, R. J., 1961 : Some aspects of the Cytology of *Polycelis nigra*. Quart. Journ. Micr. Sc. **102**, 295—317.

Schmidt, O., 1848 : Die Rhabdocoelen Strudelwürmer des Süßen Wassers. Jena.

Turchini, J. et Khau Van Kien, 1949 : De l'application d'une nouvelle méthode nucléale et cytoplasmale à l'étude des rhabdites. XIII. Congr. Intern. de Zool. Paris, p. 2.

II. Trichocystes et Trichites

Anderson, E., 1962 : A cytological study of *Chilomonas paramecium* with particular reference to the so-called trichocysts. Journ. of Protoz. **9**, 380—394.

Bělař, K., 1916 : Protozoenstudien II. Arch. f. Prot. **36**, 241.

Biecheler, B., 1952: Recherches sur les Peridiniens. Supp. **36** du Bull. Biol. Fr. et Belg. 1—149.

Bourrelly, P., 1954 : Recherches sur les Chrysophycées. Thèse. Paris.

Chatton, E., et Lwoff, A., et M., 1931 : L'origine infraciliaire et la genèse des trichocystes et trichites chez les Ciliés *Foettingeriidae*. C. R. Acad. Sc. **193**. 670.

Chadefaud, M., 1934 : Les corps mucifères et les trichocystes des Eugléniens et des Chloromonadines. Bull. Soc. bot. de France. **81** p.
— 1937 : Sur l'organisation et les trichocystes de *Gonyostomum semen* C. r. Acad. Sci. **204**, 1688—1960.

DRAGESCO, J., 1951 : Sur la structure des trichocystes du Flagellé Cryptomonadine *Chilomonas paramecium*. Bull. Micr. appl. **1**, 172—177.
— 1952 : Electron Microscopy of the trichocysts of the Holotrichous Ciliates : *Nassula elegans* and *Dissematostoma bütschlii*. Proc. Soc. of Protoz. **3**. 15.
— 1952 : Le flagellé *Oxyrrhis marina* : cytologie, trichocystes, position systèmatique. Bull. Micr. appl. **2**, 148.
— 1952 : Sur la structure des trichocystes toxiques des Infusoires Holotriches Gymnostomes. Bull. Micr. appl. **2**, 92.
— et K. BEYERSDORFER, 1952 : Microscopie électronique des trichocystes de *Frontonia*. C. r. Ier Cong. Micr. électr. Paris. 655.
— et J. BEYERSDORFER, 1952 : Etude comparative des trichocystes de 7 espèces de Paramécies. lid. 661.
EHRET, C. F., et E. L. POWERS, 1959 : The cell surface of *Paramecium*. Intern. Rev. Cyt. **8**, p. 97.
FAURÉ—FREMIT, E., 1961: Cils vibratiles et Flagelles. Biol. Rev. **36**, 464—536.
HOLLANDE, A., 1942 : Etude cytologique et biologique de quelques Flagellés libres. Arch. Zool. expér. et gén. **83**, 1.
HOVASSE, R., 1945 : Contribution à l'étude des Chloromonadines : *Gonyostomum semen*. Dies. Arch. Zool. exper. et gen. **84**, 239.
— 1948 : Le discobolocyste, organite lanceur de projectile, chez la Chrysomonadine *Cyclonexis annularis*. C. R. Acad. Sc. **226**, 1038.
— 1963 : Quelques faits nouveaux concernant les trichocystes et nématocystes des *Polykrikos* (Dinoflagellés). Arch. Zool. exper. et gén. 102, p. 189.
JAKUS, M. A., C. E. HALL, et F. O. SCHMITT, 1942 : Electron microscope studies of *Paramecium* Trichocysts. Anat. Rec. **84**.
— 1945 : The structure and properties of the trichocysts of *Paramecium*. Journ. Exper. Zool. **100**.
JOYON, L., 1963 : L'ultrastructure des trichocystes des Cryptomonadines. Arch. Zool. expér. et gén. **102**, p.
KAHL, A., 1930 : Die Tierwelt Deutschlands. V. 18. Wimpertiere, 10.
KRÜGER, F., 1930 : Untersuchungen über den Bau, die Funktion der Trichocysten von *Paramecium caudatum*. Arch. f. Prot. **72**, 91.
— 1934 : Untersuchungen über die Trichocysten einiger *Prorodon*-Arten. Arch. f. Prot. **83**, 275.
— 1934 : Bemerkungen über Flagellatentrichocysten. Arch. f. Prot. **83**, 321.
— et K. E. WOHLFAHRT-BOTTERMANN, 1952 : Elektronenmikroskopische Beobachtungen an Ciliatenorganellen. Mikrosk. T. **7**.
— K. E. WOHLFAHRT-BOTTERMANN, et G. PFEFFERKORN, 1952 : Protistenstudien III : die Trichocysten von *Uronema marinum*. Zeits. f. Naturf. **7**.
MIGNOT, J. P., 1963 : Quelques particularités de l'ultrastructure d'*Entosiphon sulcatum*, Flagellé Euglènien. C. r. Acad. Sc. **257**, 2530.
PÉNARD, E., 1922 : Etudes sur les Infusoires d'eau douce. Genève.
ROUILLER, C., et E. FAURÉ-FRÉMIET, 1957: L'ultrastructure des trichocystes fusiformes de *Frontonia atra*. Bull. Micr. Appl. **7**, 135—139.
SCHNEIDER, W., 1930 : Verbreitung der Tektins bei den Ciliaten. Arch. f. Prot. **72**, 422.
SEDAR, A. W., et K. R. PORTER, 1955 : The fine structure of cortical components of *Paramecium multinucleatum*. Journ. of. bio. a. bio. Cytol. **1**, 583.
WOHLFAHRT-BOTTERMANN, K. E., 1950 : Funktion und Struktur der *Paramecium* Trichocysten. Verl. Mitt. Naturw. T **37**.
— 1953 : Experimentelle und Elektronoptische Untersuchungen zur Funktion der Trichocysten von *Paramecium caudatum*. Arch. f. Prot. **98**, 159.
YUSA, A., 1963: An electron microscope study on regeneration of trichocysts in *Paramecium caudatum*. Journ. of Protozool. **10**, 253.

III. Cnidocystes

(Pour les travaux antérieurs à 1934, se rapportant aux Cnidaires, je renvoie au travail fondamental de ROBERT WEILL)

BRIEN, P., et M. RENIERS-DECOEN, 1955 : La signification des cellules intersticielles des Hydres d'eau douce, et le problème de la réserve embryonnaire. Bull. Biol. Fr. et Bel.g **89**, 258.
BOUILLON, J., P. CASTIAUX, et G. VANDERMEERSCHE, 1958 : Structure submicroscopique des cnidocils. Bull. Micr. appl. **8**, 61.

Boisseau, J. P., 1952 : Recherches sur l'histochimie des Cnidaires et de leurs nématocystes. Bull Soc. Zool. de France. **77**, 151.

Canning, E. U., 1957 : On the occurence of *Plistophora culicis* in *Anopheles gambiae*.
Riv. di Malar. **36**, 39.

Chatton, E., 1914: Les cnidocystes du Péridinien *Polykritos Schwartzii* Bütschli.
Arch. Zool. Exper. et gen. **54**, 157.

— et P. P. Grassé, 1929 : Le chondriome, le vacuome, les vésicules osmiophiles, le
parabasal, les trichocystes et les cnidocystes du Dinoflagellé *Polykrikos Schwartzii*
Bütschli. C. r. Soc. de Biol. **100**, 281.

— et R. Hovasse, 1944 : Sur les premiers stades de la cnidogénèse chez le Péridinien *Polykrikos Schwartzii*. C. R. Acad. Sc. **218**, 60.

Cheissin, E. M., S. S. Schulmann, et L. N. Vinnitchenko, 1961 : The structure of
the *Myxobolus* spores (en Russe). Cytologia. **3**, 662.

Chapman, G., et L. Tilney, 1959 : Cytological studies of the nematocysts of *Hydra*,
J. Biochem. Biophys. Cytology. **5**, 69 et 79.

Dissanaike, A. S., et E. U. Canning, 1957 : The mode of emergence of the sporo
plasm in Microsporidia and its relation with the structure of the spore. Parasit. **47**,
92.

Fawcett Don, W., 1958 (fig. reproduite par Hirsch 1962).

Gurley, R. R., 1893 : The Microsporidia or Psorosperms of Fishes and the Epidemics
produced by them. Bull. of Fisch Comm. **11**, 63.

Hamon, M., 1955 : Recherches histochimiques sur les nématocystes des Coelentérés-
Bull. Soc. Hist. Nat. Afrique du Nord. **46**,

— 1955 : Cytochemical Research on Coelenterate Nematocysts. Nature **176**, 357.

Hirsch, G. C., 1962 : Das Lamellen-Vakuolen Feld. Handbuch der Biol. **1**,

Hovasse, R., 1951 : Contribution à l'étude de la cnidogénèse chez les Péridiniens.
I. Cnidogénèse cyclique chez *Polykrikos schwartzi*. Arch. Zoo Expér. et Gén. **87**,
299, II. Cnidogénèse cyclique chez *Nematodinium armatum*. I bid. **88**,

Huger, A., 1961 : Sporentierchen als Insektenfeinde. Umschau, p. 270.

Hyman, L. H., 1940: The Invertebrates, Phylum Cnidaria. McGraw-Hill. New-York.

Jirovec, O., 1936 : Zur Kenntnis von in Oligocheten parasitierenden Microsporidien
aus der Familie *Mrazekidae*. Arch. f. Prot. **87**, 313.

Kepner, W. A., B. D. Renolds, L. Goldstein, 1951 : The discharge of nematocysts
of *Hydra*, with special reference to the penetrant. Journ. of Morph. **88**, 23.

Léger, L., et E. Hesse, 1916 : *Mrazekia*, genre nouveau de Microsporidies à spores
tubuleuses. C. r. Soc. de Biol. **79**, 345.

Lom, J., et J. Vavra, 1963 : The mode of sporoplasm extrusion in microsporidian
spores. Acta Protoz. **1**, 81—90.

Pantin, C. F. A., et A. M. P. Pantin, 1943 : The stimulus to feeding in *Anemonia
sulcata*. Journ. Exper. Biol. **20**, 6.

— 1942 : The excitation of nematocysts. Journ. exper. Biol. **19**, 294.

Picken, L. E. R., 1953 : A note on the nematocysts of *Corynactis viridis*. Q. J. M. S.
94, 203.

Puytorac, P. de, 1961 : L'ultrastructure du filament polaire invaginé de la Microsporidie *Mrazekia lumbriculi*. C. r. Acad. Sc. Paris **253**, 2600.

— 1963: L'ultrastructure des cnidocystes de l'Actinomyxidie: *Sphaeractinomyxon
amanieui*. sp. nov. C. r. Acad. Sci. **226**, 1954—1596.

Phillips, J. H., 1956: Isolation of active nematocysts of *Metridium senile* and their
chemical composition. Nature **178**, 932.

Reisinger, E., 1964: Voir ci dessus, I.

Semal-Van Gansen, P., 1954 : La structure des nématocystes de l'Hydre d'eau
douce. Bull. Acad. Roy. Belgique. **40**, 269.

Thélohan, P., 1895 : Recherches sur les Microsporidies. Bull. Scient. Fr. et Belg.
26, 101.

Weill, R., 1934 : Contribution à l'étude des Cnidaires et de leurs nématocystes.
I, Recherches sur les nématocystes. — II, Valeur taxonomique du cnidome.
Trav. Stat. Zool. Wimmereux **10** et **11**, et Thèses Paris.

Yanagita, T. M., 1959: Physiological mechanism of nematocyst responses in sea
anemones. J. Fac. Sci. Univ. Tokyo **8**, 478—494.

IV. Colloblastes

Abbott, J. F., 1907 : The morphology of *Coeloplana*. Zool. Jahrb. Abt. Anat. **24**, 41.

Chun, C., 1880 : Die Ctenophoren des Golfes von Neapel. Fauna u. Flora d. G., 1.

Hertwig, R., 1880 : Über den Bau der Ctenophoren. Jen. Zeitsch. **14**, 313.

Hovasse, R., et P. de Puytorac, 1962 : Contribution à l'étude du colloblaste grâce à la Microscopie électronique. C. r. Acad. Sci. Paris **255**, 3223—3225.

— et P. de Puytorac, 1963 : Le Colloblaste des Cténophores. Ultrastructure, Signification. Proc. XVI Intern. Cong. Zoology **1**, p. 27.

Komai Taku, 1922 : Studies on two aberrant Ctenophores, Coeloplana and Gastrodes. Kyoto.

Samassa, P., 1892 : Zur Histologie des Ctenophoren. Arch. Mikr. Anat. **40**, 157.

Schneider, C., 1902 : Vergleichende Histologie der Tiere. Fischer, Jena.

Weill, R., 1935 : Structure, origine et interprétation cytologique des colloblastes de *Lampetia pancerina*. C. r. Acad. Sci. Paris. **200**, 1628.

— 1935 : Division d'éléments cellulaires anucléés et hautement différenciés : multiplication par scissiparité des colloblastes de *Lampetia pancerina*. **200**, 1686.

— 1935 : Le fonctionnement des colloblastes. Ibid. **201**, 850.

Additions en cours d'impression

1. La détente des trichocystes des Cryptomonadnies

Les travaux des chercheurs qui, au laboratoire de Sonneborn étudient le problème des Paramécies «killer», viennent de nous fournir, d'une manière fortuite, l'explication de cette détente.

Rappelons que Sonneborn a reconnu, il y a déjà plus de vingt ans (1939), que les souches de *Paramecium aurelia* réputées pour cette raison « killer », libèrent dans leur milieu de culture un facteur qui provoque la mort d'autres souches, dites «sensitives». Les recherches ultérieures ont démontré que l'activité «killer» est liée à l'existence de particules cytoplasmiques de taille relativement importante, les particules «kappa». On a appris ensuite qu'il s'agit de Bactéries symbiotes dont il existe deux sortes : les unes non brillantes au contraste de phase, N, les autres, B, brillantes, et qui doivent ce caractère à l'accolement d'un corps réfringent, le « R body». La propriété killer est liée à la présence de ce corps. On l'a isolé, et étudié ses propriétés. Son ultrastructure a été établie par Hamilton et Gettner (1958), par Dippell (1958) ; par T. Anderson, J. et L. Preer (1964) : leurs micrographies et, en particulier, certaines démontrées lors de la seconde Conférence internationale de Protozoologie à Londres en 1965, ont permis de reconnaitre que les «R bodies» ont la taille, l'aspect, et l'ultrastructure des trichocystes de Cryptomonadines. Les figures de détente sont exactement celles de Dragesco reproduites plus haut (Fig. 15). Il y a donc une probabilité très grande pour que les R bodies soient des trichocystes de Cryptomonadines. Or, J. Mueller a obtenu en 1962 la détente de ces corps par variation de la pression osmotique du milieu. T. Anderson et ses collaborateurs (1964) ont obtenu de même cette détente par le désoxycholate de Na. Les micrographies obtenues permettent d'en comprendre le mécanisme :

Le cylindre du trichocyste est un ruban enroulé, et qui peut se dérouler à partir de son bout central. Si l'on réalise un modèle à l'aide d'un rouleau de ruban, on peut, en le déroulant à partir de son bout central par une traction perpendiculaire au plan d'enroulement, obtenir à un certain stade, un tube approximatif, avant d'obtenir le ruban aplati. On peut concevoir que, dans le cas du trichocyste, le déroulement, se produisant à partir du tube d'union entre les deux cylindres (cf. Fig. 17) conduise à la formation simultanée de deux tubes inégaux, orientés d'une manière quelconque l'un par rapport à l'autre.

Quand à la force qui provoque le déroulement instantané de ces rubans, elle nous est démontrée encore par l'étude des R bodies. Les auteurs américains ont, en effet reconnu que le ruban est en réalité fait d'une membrane double, autrement dit, d'un saccule, qu'il est donc gonflable. Après détente, leurs micrographies montrent dans certaines zônes un chapelet de vacuoles à l'intérieur même du tube. Il y a donc bien un gonflement, qui est le moteur de la détente.

L'explosif biologique n'est donc pas contenu ici dans une capsule, comme chez les akontobolocystes des Paramécies, mais à l'intérieur même du tube préformé.

Ceci justifie la création d'un nouveau groupe de trichocystes lanceurs, les lanceurs de rubans, ou téniobolocystes.

Il faut, d'autre part remarquer que le caractère killer lié à la présence de ces corps, tend à les faire considérer comme toxiques. De nouvelles recherches sont donc nécessaires, afin de résoudre ce problème, comme celui de l'origine des R bodies des Paramécies, origine probablement alimentaire, et qui transpose au domaine des trichocystes un caractère devenu depuis longtemps classique chez les cnidocystes, leur possibilité de passer d'une espèce à une autre prédatrice sur elle. Comme il existe des organismes autocnides et kleptocnides (Chatton), il existerait des êtres « autotriches » et « kleptotriches ».

Diagramme d'un « missile » de *Tokophrya infusionum*. D'après M.A.Rudzinska. × 135.000.

2. Existence de trichocystes chez les Acinétiens

Un récent travail de Maria Rudzinska (1965) a démontré l'existence de trichocystes très spéciaux, jouant un rôle important dans la capture des proies chez l'Acinétien *Tokophrya infusionum*.

On sait que cet Infusoire, fixé par un pédoncule possède deux paquets de tentacules allongés chacun d'une trentaine de microns, larges de 1 μ et terminés par un bouton de 2 μ de diamètre, et auquel s'attachent les proies, qui sont toujours des Ciliés bien vivants. Une de ces proies, quelle qu'en soit la taille, venant au contact de l'un de ces boutons, est immobilisée en quelques secondes, fixée, et vidée de son contenu par le tentacule fonctionnant comme un aspirateur. Une substance toxique, à effet paralysant, entre ainsi certainement en action : elle provient, en toute vraisemblance de trichocystes spéciaux, que l'auteur qualifie de « missile-like ». Ces éléments, mesurent 0,38 μ de long, sont larges de 0,1 μ. Leur structure est relativement compliquée : elle comporte une extrémité renflée comme une fiasque, dont le col irait en s'effilant jusqu'à l'autre extrémité. Un diaphragme interne cloisonne l'organite. Formés dans le corps cellulaire, ces corps gagnent l'extrémité des tentacules, et là, se disposent radialement, les extrémités effilées en contact avec la paroi. Il semble qu'ils puissent s'ouvrir à l'extérieur, et y déverser leur contenu collant et anésthésiant. Il semble ainsi s'agir de microtoxycystes d'un genre nouveau.

ANDERSON, T. F., J. et L. PREER et M. BRAY, 1964 : Studies on killing particles from *Paramecium* : the structure of refractile bodies from kappa particles. J. de Micr. **3**, 395–402.

DIPPELL, R. V., 1958 : The fine structure of kappa in killer stock 51 of *Paramecium aurelia*. J. Bioph. Bioch. Cytol. **4**, 125–128.

HAMILTON, L. D., et M. E. GETTNER, 1958 : Fine structure of kappa in *Paramecium aurelia*. J. Bioph. Bioch. Cytol. **4**, 122–123.

HOVASSE, R., 1965 : La détente des trichocystes des Cryptomonadines rendue explicable grâce à l'étude des particules « kappa » des *Paramecium aurelia* de race « killer ». C. R. Acad. Sc. Paris (sous presse).

MUELLER, J. A., 1962 : Induced physiological and morphological changes in the *B* particle and *R* body from killer paramecia. J. Protoz. **9**, (suppl.) 26.

PREER, J., 1965 : Kappa and its relatives. Progress in Protoz. (Sec. Intern. Confer. of Protoz., London) 61–62.

SONNEBORN, T. M., 1939 : *Paramecium aurelia* : mating types and groups ; lethal interactions : determination and inheritance. Amer. Natur. **73**, 390–413.

RUDZINSKA, M. A., 1965 : The fine structure and function of the tentacle in *Tokophrya infusionum*. J. of Cell. Biol. **25**, 459–477.

SPRINGER-VERLAG / WIEN · NEW YORK

Fortsetzung von der 4. Umschlagseite

Chemistry of Viruses. By C. A. Knight, Berkeley (California). With 27 figures. IV, 177 pages. 8 vo. 1963. Band IV. Virus. 2.
S 303.—, DM 48.—, $ 12.—

The Multiplication of Viruses. By S. E. Luria, Urbana, Illinois. IV, 63 pages. — **Virus Inclusions in Plant Cells.** By Kenneth M. Smith, Cambridge. With 5 plates. 16 pages. — **Virus Inclusions in Insect Cells.** By Kenneth M. Smith, Cambridge. With 16 figures. 25 pages. — **Antibiotika erzeugende virus-ähnliche Faktoren in Bakterien.** Von Pierre Fredericq, Lüttich. 14 Seiten. Gr.-8°. 1958. Band IV. Virus. 3, 4 a, 4 b, 5.
S 268.—, DM 42.50, $ 10.65

Strukturtypen der Ruhekerne von Pflanzen und Tieren. Von Elisabeth Tschermak-Woess, Wien. Mit 91 Textabbildungen (427 Einzelbildern). IV, 158 Seiten. Gr.-8°. 1963. Band V. Karyoplasma (Nucleus). 1.
S 353.—, DM 56.—, $ 14.—

The Nuclear Membrane and Nucleocytoplasmic Interchange. By C. M. Feldherr, Edmonton, J. G. Gall, Minneapolis, L. Goldstein, Philadelphia, C. V. Harding, New York, W. R. Loewenstein, New York, A. E. Mirsky, New York. With 32 figures. IV, 72 pages. 8 vo. 1964. Band V. Karyoplasma (Nucleus). 2.
S 138.60, DM 22.—, $ 5.50

Riesenchromosomen. Von Wolfgang Beermann, Tübingen. Mit 113 Textabbildungen. IV, 161 Seiten. Gr.-8°. 1962. Band VI. Kern- und Zellteilung. D.
S 312.—, DM 49.50, $ 12.40

Die Amitose der tierischen und menschlichen Zelle. Von Otto Bucher, Lausanne. Mit 56 Textabbildungen. IV, 159 Seiten. Gr.-8°. 1959. Band VI. Kern- und Zellteilung. E. Amitose. 1.
S 426.—, DM 67.50, $ 16.90

The Meiotic System. By B. John, Birmingham, and K. R. Lewis, Oxford. With 195 figures. IV, 321 pages. 8 vo. 1965. Band VI. Kern- und Zellteilung. F. Die Chromosomen in der Meiose. 1.
S 860.—, DM 136.50, $ 34.15

Les altérations de la méiose chez les animaux parthénogénétiques. Par Marguerite Narbel-Hofstetter, Lausanne (Schweiz). Avec 112 figures (686 Einzelbilder). IV, 163 pages. in-8°. 1964. Band VI. Kern- und Zellteilung. F. Die Chromosomen in der Meiose. 2.
S 397.—, DM 63.—, $ 15.75

Différenciation des cellules sexuelles et Fécondation chez les Phanérogames. Par Bernard Vazart, Bondy (Seine). Avec 54 figures. IV, 158 pages. in-8°. 1958. Band VII. Befruchtung und Kernverschmelzung. 3 a.
S 378.—, DM 60.—, $ 15.—

Différenciation des cellules sexuelles et Fécondation chez les Cryptogames. Par Bernard Vazart, Bondy (Seine). Avec 122 figures. IV, 363 pages. in-8°. 1963. Band VII. Befruchtung und Kernverschmelzung. 3 b.
S 706.—, DM 112.—, $ 28.—

Protoplasmic Streaming. By Noburô Kamiya, Osaka, Japan. With 82 figures. IV, 199 pages. 8 vo. 1959. Band VIII. Physiologie des Protoplasmas. 3. Motilität. a.
S 472.—, DM 75.—, $ 18.75

Frost, Drought, and Heat Resistance. By J. Levitt, Columbia, Missouri. With 29 figures. IV, 87 pages. 8 vo. 1958. Band VIII. Physiologie des Protoplasmas. 6.
S 220.—, DM 35.—, $ 8.75

Polarität und inäquale Teilung des pflanzlichen Protoplasten. Von Erwin Bünning, Tübingen. Mit 72 Textabbildungen. IV, 86 Seiten. Gr.-8°. 1958. Band VIII. Physiologie des Protoplasmas. 9. Polarität. a.
S 220.—, DM 35.—, $ 8.75

Morphology and Physiology of Plant Tumors. By Armin C. Braun and Tom Stonier, New York, N. Y. With 7 figures. IV, 93 pages. 8 vo. 1958. Band X. Pathologie des Protoplasmas. 5 a.
S 206.—, DM 32.50, $ 8.15

Protoplasmatische Ökologie der Pflanzen. Wasser und Temperatur. Von Richard Biebl, Wien. Mit 92 Textabbildungen. IV, 344 Seiten. Gr.-8°. 1962. Band XII. Protoplasmatische Ökologie der Pflanzen. 1.
S 618.—, DM 98.—, $ 24.50

Zu beziehen durch Ihre Buchhandlung